クッキーをつくれば宇宙がわかる

ジェフ・エンゲルスタイン
Geoff Engelstein

イラスト マイケル・コルフハーゲ
Michael Korfhage

訳者 田沢恭子

早川書房

クッキーをつくれば宇宙がわかる

日本語版翻訳権独占
早 川 書 房

© 2025 Hayakawa Publishing, Inc.

THE UNIVERSE EXPLAINED WITH A COOKIE
What Baking Cookies Can Teach Us About
Quantum Mechanics, Cosmology, Evolution, Chaos, Complexity, and More
by
Geoff Engelstein
Illustrations by Michael Korfhage
Text Copyright © 2024 by Geoff Engelstein
Illustrations Copyright © 2024 by Michael Korfhage
All rights reserved.
Translated by
Kyoko Tazawa
First published 2025 in Japan by
Hayakawa Publishing, Inc.
This book is published in Japan by
arrangement with
Odd Dot,
an imprint of Macmillan Publishing Group, LLC
through The English Agency (Japan) Ltd.

私たちがあらゆるものとどんなふうにつながっているかを
教えてくれた父に。
あらゆるものが私たちとどんなふうにつながっているかを
教えてくれた母に。
——G・E

クッキー好きな愛しいわが子、リジーとジムに。
疑問をもつことを決してやめないで。
——M・K

目　次

はじめに　7

第1章
暗黒物質を小麦粉で説明する　11

第2章
核融合を砂糖で説明する　19

第3章
原子構造を食塩と重曹で説明する　29

第4章
クォークをクッキー交換で説明する　40

第5章
量子力学をミルクとクッキーで説明する　49

第6章
進化をバターとクッキーコンテストで説明する　61

第7章
遺伝子工学を卵で説明する　74

第8章
胚発生をクッキーのデコレーションで説明する　85

第9章
不確定性をブラウンシュガー（きっちり詰めて3/4カップ）で説明する　98

第10章

熱力学をベーキングとアイスクリームサンドで説明する　106

第11章

エントロピーをミキシングで説明する　118

第12章

カオスをバニラで説明する　126

第13章

複雑性をクッキーの抜き型で説明する　138

第14章

フラクタルをオートミールレーズンクッキーで説明する　149

第15章

太陽系外惑星をおいしそうなきつね色で説明する　161

第16章

ビッグバンをチョコチップで説明する　172

エピローグ

宇宙をクッキーで説明する　185

謝辞　187

推薦図書　189

訳者あとがき　194

はじめに

これはチョコチップ
クッキー。

直径はおよそ5センチ。

これは私たちが暮らして
いる天の川銀河。

直径はおよそ100,000,000,000,000,000,000,000センチ。

すごい違いだ。そう思うだろう？

　しかし、クッキー作りに必要なもの、つまり材料と手順について探究すると、素粒子の極小な世界から銀河星団の巨大な世界まで、あらゆるものの仕組みについて非常にたくさんのことがわかる。

8 ★ はじめに

　宇宙には、銀河が10^{12}個ほどあると考えられている。そしてほとんどの銀河には、それぞれ10^{12}個ほどの恒星が存在する。だから宇宙には、およそ10^{24}個の恒星があるということになる。

　とても大きい数やとても小さい数を書く場合、簡単に表すために指数表記を使う。最上位の桁の数字と、それに続くゼロの個数を示す。このやり方で天の川銀河の大きさをセンチで表すと、1×10^{23}センチとなる。これは1のあとに0が23個並ぶ数だ。

　小さい数を表すときは、指数がマイナスになる。陽子の直径は0.00000000000017センチ、つまり小数点の右側に0が12個並んで、最後に17がつく。小数点の左側のも合わせると0が全部で13個並んでいるので、1.7×10^{-13}センチと書く。

　たいていの植物や動物を構成する物質は、1グラム中におよそ10^{23}個の原子を含んでいる。クッキーはこれらの物質にとても近い材料でできていて、重さは1枚でだいたい16グラムだ。ということは、クッキー1枚に含まれる原子の数は……およそ10^{24}個となる。

　クッキー1枚に含まれる原子の数は、宇宙に存在する恒星の数とほぼ同じである。

　科学が目指すのは、観察し、その結果を別の観察結果やアイデアと結びつけて、物事の仕組みや、私たちが物事をもっとうまくやれる方法を知り、将来に何が起きるかを予測することだ。こうした観察はすべて、私たちが人間として日常的に出会うもの、たとえば滝、動植物の成長、風、天気などから始まった。科学はしばしば抽象的で難解な学問だと感じられるが、すべて

は身近なものから始まる。

　そんなわけで、クッキーは探索の出発点にぴったりだ。使われている材料は、科学の幅広い領域と関係している。そのうえ最後には、おいしいおやつが食べられる。

　本書では、各章がクッキー作りの材料か手順、あるいはクッキーと関係のあるトピックで始まる。それをとっかかりにして、科学のさまざまなアイデアを探っていく。本書は、互いに結びついているなどとはこれまで考えもしなかったような物事のあいだに結びつきを見出すことを目指している。

　ここで私の母のチョコチップクッキーのレシピを紹介したい。

チョコチップクッキー

材料
小麦粉（中力粉）　2 1/4カップ
重曹　小さじ1
食塩　小さじ1 1/4
バター　1カップ（やわらかくしておく）
グラニュー糖　3/4カップ
ブラウンシュガー　3/4カップ（きっちり詰めて量る）
バニラエクストラクト　小さじ1
卵　大2個
チョコチップ　340グラム

オーブンを190度に予熱しておく。

小麦粉、重曹、食塩をボウルに入れ、フォークで混ぜ合わせる。バター、グラニュー糖、ブラウンシュガー、バニラエクストラクトをハンドミキサーかスタンドミキサーで攪拌してクリーム状にする。卵を1つずつ加えて、そのつどよく攪拌する。粉類を少しずつ加え、さらに攪拌する。チョコチップを混ぜ込む。天板にクッキングシートを敷き、生地をスプーンですくって天板に並べる。

約10分、またはきつね色に焼き色がつくまで焼く。

クッキーを焼こう！

第1章

暗黒物質を小麦粉で説明する

　宇宙の物質のおよそ85パーセントは所在が不明だ。私たちはこれを「暗黒物質」と呼んでいるが、つかまえたことはなく、実験室で作り出したこともなく、直接感知したこともいっさいない。それなのに存在すると、なぜわかるのか。この疑問に答えるために、小麦粉とクッキー生地に目を向けてみよう。

　生地作りの楽しさのひとつは、弾力がありながら柔らかい、クッキー生地特有の感触だ。こねて、たたきつけ、のばし、成形する。そのすべてが直感的な心地よさを与えてくれる。

　小麦粉には「グルテン」と呼ばれるタンパク質が含まれていて（そう、一部の人に消化器系などのトラブルを引き起こす、あのグルテンだ）、そのおかげで生地にコシが生じる。グルテンは生地の中で小さなばねのように働いて、デンプンとほかの

粒子をまとめる。生地を引きのばすと、グルテン分子がのびて、それから生地をもとの状態に引き戻す。

　グルテンには、生地をまとめる「力」がある。

　私たちが知っている宇宙の基本的な力は4つだけだ。重力、電磁気力、強い力、弱い力である。基本的には次のようなものだ。

* **重力**とは、宇宙に存在するあらゆる物体が互いを引きつけ合う力である。惑星が太陽のまわりを回ったり、クッキーを手から離すと落下したりするのは、この力の働きによる。
* **電磁気力**とは、正と負の電荷のあいだで作用する力である。電気や光の背後で働き、原子や分子を結びつける。
* **強い力**とは、原子核内で陽子と中性子を結びつける力である。
* **弱い力**とは、放射線やその他の素粒子レベルの現象にかかわる力である。

　一番強いのはどの力か、わかるだろうか。そう、強い力だ。ただし一番弱いのは弱い力ではなく、その妙な栄誉は重力に与えられる。物理学者は名前をつけるのがどうもうまくない。この先の章でもおかしな名前が登場するので、まあ楽しみにしていてほしい。

　ともあれ4つの基本的な力のなかで最も強いのは強い力で、電磁気力の100倍以上、弱い力の10万倍、重力の10^{38}倍強い。ただし強い力と弱い力は、原子核の大きさ程度のごく短い距離でしか働かない。だから私たちがふだんの生活の中でこれらの力に気づくことはない。

私たちが日常的に扱うのは、電磁気力と重力だ。グルテン分子がクッキー生地をまとめるのに発揮する力は、電磁気力である。この力は、グルテンというタンパク質の中で負の電荷をもつ電子と正の電荷をもつ陽子がさまざまな方法で互いを引きつけたり遠ざけたりすることで生じる。分子の形は、分子のさまざまな部分が互いを引っ張ったり押したりすることで決まる。ねじられたり引っ張られたりすると、引きのばされたばねがもとの長さに戻ろうとするのと同じように、分子はもとの形に戻ろうとする。分子の形については、第3章で重曹を扱うときに詳しく説明するが、大事なのは、それが電磁気力の働きで生じるということだ。

　電磁気力は重力よりもはるかに強い。このことを証明するために、クッキーを1枚テーブルに置こう。地球全体（その質量6,000,000,000,000,000,000,000トンすべて）が重力によってクッキーを引きつけてテーブルの上にとどめ、浮き上がってどこかへ行ってしまわないようにしている。

　ここでクッキーを手でつまみ、テーブルから持ち上げてみよう。腕の筋肉が生み出す電磁気力は、足の下の地球全体が生み出す重力をやすやすと上回る。地球よ、参ったか！

　しかし太陽系や銀河に影響を及ぼす力を天文学者が調べる場合、電磁気力の影響については考える必要がほとんどなく、重力だけを考えればいい。それはなぜか。

　その答えは、これらの力の働き方が違うからだ。電磁気力は、正と負の電荷が引き離されると生じ、これらの電荷を再び近づけようとする。負の電荷をもつ電子と正の電荷をもつ陽子を近づけると、これらは磁石のN極とS極のようにくっつこうとす

14 ★ 第1章　暗黒物質を小麦粉で説明する

る。

　しかし電子と陽子がくっつくと、もう電磁気力は生じなくなる。中性になって、小さな塊にまとまる。今の例では水素原子だ。時間とともに、正と負の電荷が互いを引きつけ合い、電磁気力を打ち消していく。

　これに対し重力は、打ち消されることがない。どんな粒子も重力を生み出し、それがすべて足し合わされる。要するに、電磁気力には正と負という2種類の「フレーバー」があるのに対し、重力には1種類しかない。SFの映画や小説で描かれているような反重力を生み出す方法は、まだ解明されていない。それを実現する理論上の方法すら見出せていない。とにかく重力は重力なのだ。

　つまり電磁気力とは違い、宇宙に存在する重力はすべて蓄積するだけで、打ち消すことはできない。恒星やブラックホール、銀河などの巨大な質量、あるいは遠大な距離においては、重力が唯一の支配的な力となる。

　宇宙空間において短い距離では、電磁気力による障害が生じることもある。たとえば太陽は電子と陽子の流れを放つ。これは太陽風と呼ばれ、大量の電磁エネルギーを保持している。その荷電粒子が地球の磁場にぶつかると、オーロラ（北極光および南極光）が発生する。

　だが、銀河の恒星に目を向ければ、重力が恒星たちの運動を指揮している。

　銀河は回転している。回転するものの常として、恒星が銀河からその外へ飛び出すことなく銀河の中心へ引き寄せられ、銀河が回転を続けるには、なんらかの力が働いているはずだ。

クッキー生地はしばらくわきに置いておいて、別の生地を取り上げよう。ピザの生地だ。クッキー生地と同様、ピザ生地も主にグルテンの作用でまとまっている。

ピザ生地を投げ上げて空中で回転させると、生地は広がっていく。これは生地の各部分が直線運動を続けようとするからだ。生地が回転を続けるには、グルテンがのびる必要がある。しかし生地の回転を速くしすぎると、グルテンの力が持ちこたえられなくなり、生地はちぎれて飛び散ってしまう。そしておそらく辺りを散らかしてしまう。

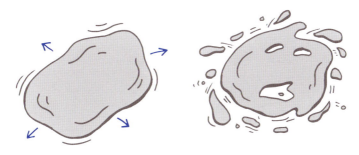

重力は、いわば銀河のグルテンだ。銀河全体をつなぎとめる働きをしている。だから重力の及ぼす力によって、恒星の公転速度が決まる。

1970年代の終盤、ヴェラ・ルービン博士は銀河内の恒星が銀河の中心に対して公転する速度を詳しく観測した。彼女だけでなく誰もが、銀河中心から遠く離れた恒星ほど公転速度は遅いと予想していた。この考えは、太陽のまわりを巡る惑星については正しい。太陽のまわりを一周するのに地球は1年かかるのに対し、土星は29年かかる。ハリケーンの風も、外側では遅く、中心に近いほど速くなる。

ところがルービンの観測結果は、銀河の外縁に位置する恒星が、想定されるよりもはるかに高速で運動していることを示していた。しかしそれなら、銀河はばらばらに飛び散ってしまうはずだ。だが、実際にはまとまっている。ここにはどんな不思議な力が働いているのだろうか。

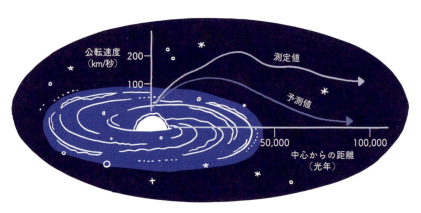

恒星の公転速度の測定値と予測値。
外側にある恒星は、銀河から飛び出すはずである。

科学のルール、すなわち理論や方程式から引き出される予測に合わない観測結果を扱う場合、とれる手段は2つある。ひとつは、ルールが正しくて観測になんらかの問題があると考えることだ。測定方法に不備があったのかもしれない。あるいは私たちの知らない物質があって、それが余分な重力を及ぼして恒星をその場にとどめていたのかもしれない。

理論や方程式が間違っている可能性もある。ある条件のもとではその理論や方程式は正しいが、今扱っている状況では成り立たないということなのかもしれない。アインシュタインが考えた重力の法則は、恒星と惑星の観測結果にもとづいていた。

ひょっとすると、極端な長距離では、重力の法則がわずかに変化するのかもしれない。重力は私たちが考えているほど急激に減少せず、銀河の外縁では想定よりも強いとも考えられる。

　こんな謎に出会ったとき、ルールは変えないで、そのルールのもとで起こり得ることを突き止めるのが、たいてい一番簡単だ。ルービンのチームが観測結果を発表すると、その妥当性を証明する実験が続々と行なわれ、よその銀河でも同じ現象が起きているということが明らかになった。

　宇宙には私たちの知らない物質があって、それはこれまで見たことがないものだから検出するのが非常に難しい、と説明するのが最も簡単だ。光がそのまま通過するということから考えて、その物質は不可視で、光とはまったく相互作用しないに違いない。そんなわけで、この謎の物質は「暗黒物質」と名づけられた。暗黒物質がグルテンのように働く追加の重力をもたらして銀河をまとめることで、銀河の外縁にある恒星が銀河から飛び出すことなくとどまっていたのだ。

　それから50年、私たちは暗黒物質が何でできているのかを解明しようとしてきたが、いまだに答えは見つかっていない。それでも、さまざまな可能性を少しずつ否定してきて、今ではいくつかの手がかりが得られている。

＊これまでに調べた限り、電波からX線までのいかなる周波数の光とも相互作用しない。
＊通常の物質ほど銀河中心に集まらず、広がる傾向がある。
＊宇宙の質量の85パーセントを占める。

18 ★ 第1章 暗黒物質を小麦粉で説明する

　暗黒物質理論が正しいなら、私たちは宇宙を構成する物質の
わずか15パーセントしか知らないことになる。残りの85パーセ
ントは完全に謎なのだ。暗黒物質を持ち出さなくても銀河の運
動をうまく説明できるように重力を少し強くしてしまおうと、
重力に関する最良の説明である一般相対性理論に手を加えよう
とする説が数多く提案されてきた。残念ながら、これらのアイ
デアの多くは最近の科学的な観測によって否定されている。

　そんなわけで今のところ、暗黒物質は銀河のグルテンとして
恒星をつなぎとめていると考えられている。

第 2 章

核融合を砂糖で説明する

　前章で取り上げた4つの基本的な力を生み出すには「エネルギー」が要る。エネルギーは、運動、熱、電気、化学結合など、さまざまな形をとる。文明の進歩は、エネルギー生産効率の向上と手を携えてきた。同じ量の燃料から得られるエネルギーは、木材、石炭、石油、原子力の順に多くなるが、いずれも私たちの暮らす地球になんらかの犠牲を強いる。核融合発電は、この問題を完全に解決してくれる可能性を秘めている。
　どのタイプのエネルギーも、別のタイプのエネルギーと関係していて、互いに変換できる。そこでまず、人間や動物にとって大事なエネルギー源であり、クッキーの材料でもある砂糖に目を向けよう。砂糖と一口に言っても、じつはさまざまな種類がある。料理に使うのは「スクロース（ショ糖）」と呼ばれ、

「フルクトース（果糖）」と「グルコース（ブドウ糖）」という2つの糖分子が結合してできている。

クッキーを食べると、スクロースやほかの炭水化物が分解されて、体内で利用できる形態に変わる。そしてすぐに利用できるように「グリコーゲン」として筋肉や肝臓に蓄えられるとともに、長期貯蔵用に「トリグリセリド」として脂肪組織に蓄えられる。

体内で、グルコースは血液に乗って細胞に運ばれる。平均して、血流中には糖分がおよそ4グラム、小さじ1杯ほど含まれている。小さじ1杯の糖分が、エネルギーを全身に送り届けるのを助けるのだ。

グルコースは細胞に取り込まれ、エネルギーを生み出す細胞内器官「ミトコンドリア」まで運ばれる。そしてさまざまな化学反応を経て酸素と結合し、生命を維持するためのエネルギーを放出する。

クッキー1枚からは、エネルギーがどのくらい得られるのだろうか。ありがたいことに、それがわかる便利な目安がクッキーの箱に記されている。カロリーだ。カロリーは、食品が体に与えるエネルギーの量を表す。エネルギーの量を表す単位はカロリー以外にも、馬力、BTU（英国熱量単位）、キロワット時、ジュールなど、いろいろある。しかし対象はどれも同じで、たとえば距離を表すのにインチ、フィート、センチメートル、マイル、ハロン、光年などが使えるのと同じことだ。好きな単位を使ってよいが、ニューヨークからボストンまでの距離をインチや光年で表すのは、あまり現実的ではない。

私は本書を執筆するための徹底的なリサーチの一環として、

いろいろな種類のクッキーの栄養成分表示に目を通した。そしてもちろん、それらのクッキーを食べた。科学のために。そんなわけで、平均的なクッキー1枚は約150キロカロリーだと知っている。このエネルギーが放出されると、標準的な家庭用の10ワットLED電球をおよそ17時間点灯させるのに十分だ。

『ヘンゼルとグレーテル』に出てくる魔女は、お菓子の家からジンジャークッキーのかけらを取って、明かりを灯していたのかもしれない。

体はクッキーから得たエネルギーを燃料にして、細胞を働かせる。だが、そもそもエネルギーはどうやってクッキーの中に入るのだろうか。クッキー生地に加えるスクロースは、サトウキビやテンサイなどの植物から抽出される。だからエネルギーはこれらの植物に由来すると言える。だが、これらの植物はどうやってエネルギーを糖に詰め込んだのだろうか。植物は、おそらく皆さんも聞いたことのある「光合成」というプロセスを使う。光合成とは、日光、二酸化炭素、水を結びつけて糖と酸素に変える、一連の化学反応だ。

クッキーを食べて得られるエネルギーは、突き詰めれば太陽から届いたものだ。じつのところ、地上のエネルギーはほとんどが太陽から生み出されている。大きな例外は、地球内部の熱に由来する地熱エネルギーと、地球と月の相互作用に由来する潮汐エネルギーである。しかし基本的に、地上のすべてのものは太陽からエネルギーをもらっている。私たちが気づいていないようなものでもそうなのだ。

たとえば、ダムの上流に貯めた水を放出してタービンを動かす水力発電は、重力からエネルギーを得ているように思われる

だろう。水を山から海へ引き込み、位置エネルギーを運動エネルギーに変換しているのは、確かに重力だ。

しかし海に流れ込んだ水を、再び山の上に戻さなくてはならない。そうしなければダムはたちまち干上がってしまう。水は海面から蒸発し、雲となり、雨や雪として高地に降り注ぐことで山の上に戻る。水の蒸発を引き起こすのは、太陽からのエネルギーだ。

日光は地球上の活動を支えるエネルギーの圧倒的大部分をもたらすが、私たちが受け取っているのは太陽のエネルギーのうちほんのわずかにすぎない。太陽が放出するエネルギーのうち、地球に届くのは10億分の1にも満たないのだ。

地上の生物すべてにエネルギーを与えるのに10億分の1でも十分すぎるほどの莫大なエネルギーを、太陽はどうやって作り出しているのだろう。太陽は、前章で触れた4つの力のうち最も強い力を使っている。その名のとおりの「強い力」だ。この力は、原子の中心で陽子と中性子をつなぎとめる働きをする。

2つの原子核を近づけると、初めのうちは互いをはねつけようとする。原子核はどちらも正の電荷を帯びているので、すぐそばまで近づくと、磁石のN極どうしを触れ合わせようとするときのように、双方の電荷が互いをはねつける。磁石も原子核も、互いをはねつけるのは電磁気力の作用だ。

しかし十分に近づけると、2つの原子核は強い力のおかげで互いに結合しようとする。強い力とは、原子核内で陽子と中性子をつなぎとめる力である。電磁気力より強いが、作用する距離はきわめて短い。そのため、原子核を互いのすぐそばまで近づけない限り、強い力は働かない。電磁気力に打ち勝って、強

い力が作用するのに十分な距離まで原子核どうしを近づけるには、大量のエネルギーを供給する必要がある。そしていよいよこれを達成すると、おびただしいエネルギーが放出される。この現象は「核融合」と呼ばれる。ここで放出されるエネルギーは、融合できる距離まで原子核どうしを近づけるのに要するエネルギーをはるかに上回る。つまり投入するエネルギーは大量だが、それよりさらに大量のエネルギーが得られるのだ。

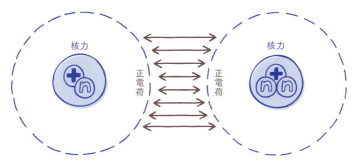

2つの原子核（青い部分）がすぐそばに近づくまでは、電磁気力が互いを反発させる。しかし原子核が十分に近づくと、強い力が作用して原子核を融合させる。

じつは、原子核が融合したときにエネルギーを放出するのは、軽いほうの原子核だ。水素（陽子1個）と、その同位体である重水素（陽子1個と中性子1個）や三重水素（陽子1個と中性子2個）は、エネルギー放出量が特に多い。鉄やそれより重い原子まで到達すると、核融合ではエネルギーがまったく得られなくなる。非常に重い原子まで進むと、原子核を融合させるのではなく分裂させることでエネルギーが得られる。この現象は「核分裂」と呼ばれる。核分裂では、重い原子ほど多くのエネルギーを放出する。ウランとプルトニウムは特に重い部類に入

る。核分裂で放出されるエネルギーも強い力に由来し、原子炉や核兵器はこのエネルギーを利用する。

すべての恒星と同じく、私たちの太陽もほとんどが軽い原子核からなり、核融合を推進する大量の燃料を与えている。だが、太陽はエネルギーの障壁にどうやって打ち勝ち、核融合を起こせる距離まで原子核どうしを十分に接近させるのだろう。答えは重力だ。

太陽は地球のおよそ33万倍の質量をもつ（「質量」とは、物体を構成する物質の多さを表す尺度である）。重力がその全質量を引き寄せ、中心部で圧縮することで温度が上昇する。この高温と高圧のおかげで、高エネルギーの原子核が飛び回り、電磁反発に打ち勝つのに十分な速度で原子核どうしがぶつかって融合し、エネルギーを放出することができる。このエネルギーによって太陽内部の温度がさらに上昇し、連鎖的な核融合反応に至る。

木星は太陽系で最大の惑星であり、太陽と同じような物質でできている。しかし、重力で自らを圧縮して核融合を引き起こすのに必要な質量をもたない。核融合を起こすには、今のおよそ80倍の質量が必要だ。しかし木星にそれだけの質量があれば、私たちは太陽と木星という2つの恒星からなる連星系で暮らすことになるだろう。

核融合は大量のエネルギーを生み出す。だが、ほかのエネルギー源と比べてどのくらい多いのだろう。たとえば、クッキーに含まれる砂糖と比べるとどうなのか。

チョコチップクッキーは、1枚でだいたい150キロカロリーだ。クッキーに含まれる原子は核融合に向かないが、水素や重

水素のように核融合に適した粒子だけでクッキーを作ったとしよう。この味はイマイチのクッキーに含まれる材料をすべて核融合させたら、およそ82億キロカロリーのエネルギーが放出される。ダイエット中の人にとってはありがたくない話だが、たとえば国全体に電力を供給しようとしているなら、じつに耳寄りな話だ。

　地上で核融合を起こすことはできるのだろうか。

　じつはすでにやっている。水素爆弾は核融合のエネルギーで爆発するのだ。しかし水素爆弾で核融合を起こすには、ウランやプルトニウムなどの重い原子核で核分裂爆発を起こし、この爆発を内側へ向けて重水素と三重水素でできたコアを圧縮し、これで核融合反応を始動させる必要がある。核融合反応を開始させるには原子爆弾を「内側」へ爆発させる必要があるということから、この反応を起こすのにどれほど高い温度と圧力が必要であるかがわかるはずだ。

　発電のために原子爆弾を爆発させるのは現実的でない。その理由は言うまでもないだろう。しかし、地上で恒星の中心並みの温度と圧力を発生させて制御するのは容易でない。非常に苛酷な条件となるので、物理的な容器ではこれを保持できない。50年以上前からこれを実現する方法が探求されてきたが、ついに2022年にある実験で、出力エネルギーが投入エネルギーに少なくとも匹敵する「ブレークイーブン」が達成された。しかしこれを実用的な電力供給方法とするには、まだ片づけるべき課題がたくさんある。

　研究者は核融合動力炉の建造を目指して、主に2つの方法を試している。ひとつは強力な磁場の中で燃料を浮揚させて加熱

する方法だ。電磁気力によりプラズマ燃料(「プラズマ」とは、温度が非常に高く、電子が原子核から離れて自由に存在する状態である)を閉じ込めて圧縮しながら、極度の高温に達するまで加熱する。ご想像のとおり、これは簡単な作業ではない。

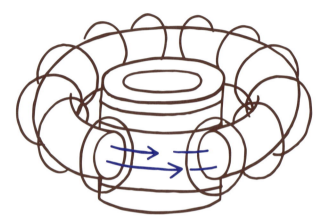

第1の方法は、「トカマク」という装置の中で遂行される。

　もうひとつ、高出力レーザーをさまざまな方向から1つの燃料ペレットに照射するという方法もある。レーザーがペレットを十分に加熱して圧縮すると、核融合が起き、レーザーを発射するのに要したエネルギーを上回るエネルギーが放出される。核融合炉では、ペレットを次々に炉内に落とし、目標の位置に達したところでレーザーにより爆破する。

　核融合発電はずっと、すぐ近くまで来ているのにあと少しのところで手が届かないと思われる技術だった。しかし信頼できる核融合炉が建造できれば、それは地球を一変させるだろう。核融合では海水中に豊富に存在する物質を燃料として使えるし、核分裂とは違って大量の放射性廃棄物が出ない。

強い力は4つの基本的な力のなかで最も強い。ならば、これはエネルギーを生産するのに最良の方法なのだろうか。核融合は頂点なのか。

じつはもうひとつ、考えられる方法がある。これはアルベルト・アインシュタインの功績だ。

相対性理論の帰結として、アインシュタインはエネルギーと物質が交換可能であることを示した。エネルギーには質量があり、質量はエネルギーに変換できる。両者は科学においておそらく最も有名な方程式によって結びつけられている。

Eはエネルギー、mは質量、cは光の速度を表す。

光の速度はものすごく速い（およそ秒速30万キロメートル）ので、2乗すると巨大な数になる。つまり、わずかな質量でも莫大なエネルギーに相当するのだ。

質量をエネルギーに直接変換できれば、核融合反応よりもさらに大きなエネルギーが放出できるはずだ。

クッキーに話を戻そう。標準的なクッキー1枚の質量をすべてエネルギーに変換すると、およそ430兆キロカロリーになる。核融合反応で得られるおよそ80億キロカロリーをはるかに上回るのだ。ましてや砂糖やその他の材料の化学エネルギーから得られる150キロカロリーなど、比べるまでもない。

430兆キロカロリーは、およそ500ギガワット時の電力に相当

する。これは毎時5000億ワットを供給するのに十分で、アメリカ全土のエネルギー需要を1時間ほど満たすことができる。

　クッキー1枚にしては、なかなかの仕事をしてくれるというわけだ。

　残念ながら、物質のもつエネルギーをすべて完全に解放するには、物質を「反物質」に衝突させるという方法しかわかっていない。どんな粒子にも相棒となる「反粒子」が存在する。両者が出会うと、爆発的なエネルギーを放出して消滅する。反物質は高エネルギーの粒子衝突で生成されるが、通常は寿命が短いので、貯蔵するのは難しい。容器に入れておこうとしても、容器のふちに当たっただけで消滅してしまうので、とっておくことはできない。核融合プラズマの場合と同様に、反物質について調べるには、真空中で磁場を使って閉じ込め、通常の物質から遠ざけておく必要がある。

　残念ながらSFのようにはいかず、宇宙のどこかで反物質の供給源を見つけ出さない限り、反物質クッキーが未来のエネルギー源になることはない。

クッキーで動く、夢の反物質宇宙船。

第3章

原子構造を食塩と重曹で説明する

　身のまわりにあるものはすべて（本書も含めて）分子でできている。たとえば食塩は、ナトリウム（Na）と塩素（Cl）という2つの原子でできている。次の図は食塩の分子を表している。

　2つの原子を結ぶ線は「結合」と呼ばれる。この結合によって、分子がつなぎとめられる。これは基本的に、2個の原子が電子1個を共有していることを意味する。分子を構成する原子の種類とその配置によって、物質の硬さや色、結合しやすい相

手といった性質が決まる。原子がどんな形で互いにくっつくかは、たいていの人が思っているよりもじつは重要だ。たとえばダイヤモンドと黒鉛（鉛筆の芯）は、どちらも炭素原子でできている。ただ、原子どうしの結合の仕方が違うのだ。

重曹（「重炭酸ナトリウム」とも呼ばれる）は、食塩よりも少し複雑だ。ナトリウム原子（Na）1個、水素原子（H）1個、炭素原子（C）1個、酸素原子（O）3個でできている。これを次の図に示す。

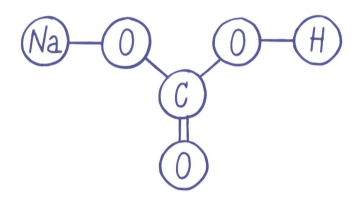

図の下の部分で、炭素から酸素に二重線が引かれているのがわかるだろうか。これは二重結合といい、原子が電子2個を共有している。結合について理解するために、おそらく以前に見たことのあるものを改めて見てみよう。元素の周期表だ。

この表では、原子（この表が作られたころには原子が「元素」と呼ばれていたことから、「元素の周期表」という名前がつけられた）が陽子の個数に従って並べられている（標準的な中性原子では、電子と陽子が常に同数である）。

一番単純なのが水素で、電子と陽子が1つずつだ。炭素には

どちらも6個あり、酸素ではどちらも8個だ。表の各行では左から右に向かって、各マスで左隣より陽子と電子が1つずつ多くなる。行の右端にたどり着くと、その原子より陽子と電子がそれぞれ1つ多い原子が次の行の左端のマスに入る。

次の図は周期表の最初の5行である。

1 H																	2 He
3 Li	4 Be											5 B	6 C	7 N	8 O	9 F	10 Ne
11 Na	12 Mg											13 Al	14 Si	15 P	16 S	17 Cl	18 Ar
19 K	20 Ca	21 Sc	22 Ti	23 V	24 Cr	25 Mn	26 Fe	27 Co	28 Ni	29 Cu	30 Zn	31 Ga	32 Ge	33 As	34 Se	35 Br	36 Kr
37 Rb	38 Sr	39 Y	40 Zr	41 Nb	42 Mo	43 Tc	44 Ru	45 Rh	46 Pd	47 Ag	48 Cd	49 In	50 Sn	51 Sb	52 Te	53 I	54 Xe

同じ縦方向の列には、化学的特性の類似した原子が並んでいる。ドミトリ・メンデレーエフがこの表を考案できたのは、この性質のおかげだ。しかし最もおもしろいのは、一番右のヘリウムからキセノンまでの列だろう。ここに並んでいる元素は「貴ガス」と呼ばれ、貴ガスは基本的に不活性だ。ほかの物質と反応しないので、検出するのはとても難しい。

実際、貴ガスが最初に発見されたのは、周期表が完成してから数十年後だった。最初に見つかったのはアルゴンで、1890年代に第3代レイリー卿が実験中に偶然発見した。彼は主に窒素の詳細な測定をするために、空気から成分ガスを1種類ずつ取り除いていた。だが、どんな物質とも反応しないガスの小さな気泡が必ず残ってしまう。ウィリアム・ラムゼーはそれが新た

32 ★ 第3章　原子構造を食塩と重曹で説明する

な元素ではないかと言い、ふたりは共同で実験を行なってそれを証明した。彼らはこの新しい元素を「アルゴン」と名づけた。これはギリシャ語で「怠惰」を意味する言葉に由来するが、この元素に対していささか厳しいようにも感じられる。

　じつは、アルゴンは大気の1パーセントを占めている。しかしどんな物質とも反応しないので、その存在は気づかれていなかった。アルゴンの発見からまもなく、ネオンやその他の貴ガスがすべて発見され、周期表の一番右の列が完成した。

　この貴ガスの列は、周期表全体でたぶん一番おもしろい。これらの原子番号2、10、18、36、54は、安定した原子を生み出す。どの原子も、これらの数になりたがる。貴ガスがほかの元素と反応しないのは、この数のおかげだ。すでにちょうどいい数の電子をもっているので、ほかの原子と電子を共有したがらないのである。

　たとえば塩素の原子番号は17だ。電子がもう1つあれば、この数は18になる。これは安定した数だ。一方、ナトリウムには電子が11個ある。電子を1つ減らして10個にできれば、これもまた安定した数となる。

　ナトリウムは電子を1つ減らすことを望み、逆に塩素は電子を1つ増やしたい。両者が手を組み、ナトリウムから塩素に電子を1つ貸してやったらどうだろう。これが化学結合だ。要するに、原子間の電子の共有である。食塩の分子NaClは、この仕組みによってできている。

　ここに示すのは、周期表の最初の3行だ。各列には、安定した状態に到達するために失うか獲得する必要のある電子の数が記されている。一番左の列の原子は、電子を1つ失うと安定する。ベリリウムとマグネシウムは電子を2つ失うと安定し、酸素と硫黄は電子を2つ獲得すると安定する。炭素とケイ素は行の中央にあるので、+4とも-4とも考えられる。

　重曹分子をもう一度見てみよう。

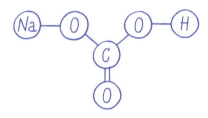

　各原子から出ている線の本数は、周期表で各原子が安定した状態からどのくらい離れているかを表す数字と一致する。ナトリウム原子と水素原子からは線が1本ずつ出ている。酸素原子からは2本、炭素原子からは4本出ている。

　クッキーに話を戻そう。クッキー生地に重曹を入れるのはなぜだろう。どんな効果があるのだろうか。

原子間の結合は、すべてが対等なわけではない。強いものもあれば弱いものもある。ある原子が現在の結合よりも好条件のオファーを受けたら——結合したい原子や分子、あるいは結合がもっと強くなる原子や分子と出会えたら——今までの結合を捨てて新たな分子を作るだろう。

　重曹分子内の結合は、さほど強くない。ナトリウム原子と酸素原子の結合はとりわけ弱い。

　重曹分子中の酸素原子は、ナトリウム原子よりも水素原子と結合したがる。水素が余分にある環境に置かれたら、分解して結合し直し、遊離したナトリウムイオン、水分子、二酸化炭素分子という3成分になる。

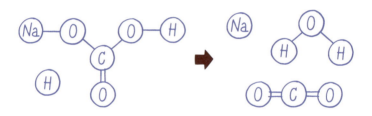

　ご覧のとおり、左側と右側の原子そのものは同じである。ただ、結合が変わっている。

　二酸化炭素ガスはクッキーを膨らませ、空気を含んだ軽い食感にする。

　この反応を起こす余分な水素原子は、どこから来るのだろうか。一部の物質は余分な水素を放出しやすい。そのような物質は「酸」と呼ばれる。

　重曹から水と二酸化炭素が生じるように、分子結合の多くは、水素が存在すると分解して単純な形に変わる。硫酸や塩酸とい

った強酸がとても危険で、とりわけ私たちの体を構成する分子にとって危険なのはそのためである。酸から放出される余分な陽子が、有機分子を分解してしまうのだ。

もちろん、強酸は料理に使わない。しかし料理に使う弱酸（酢、レモン汁、ヨーグルトなど）の多くでも、この反応が起きることはある。

科学フェアの定番である「重曹火山噴火実験」を見たことはないだろうか。重曹と酢を一気に混合すると、二酸化炭素と水が生じ、ぶくぶくと泡立って、じつに派手な「爆発」が起きる。食用の赤色色素をちょっと加えれば、見事な溶岩の流れも再現できる。

周期表は、原子が互いにどんなふうに結合するかを説明するのにとても役立つ。だが、原子自体はどんなふうにできているのだろう。1890年代、イギリスの物理学者J・J・トムソンは、原子には原子自体よりはるかに軽くて負の電荷をもつ粒子が含まれていることを示した。また、この粒子はどの元素でも同じものであることを発見した。彼はこの粒子を「微粒子」と名づけた。率直に言って、これは最良の名前ではない。幸い、別の科学者たちが「電子」という名称を採用した。

電子の発見とともに、トムソンは「プラムプディングモデル」という原子モデルを提案した。プラムプディングはイギリスの伝統的な焼き菓子で、プラムやレーズンなどの果物が入っている。アメリカのフルーツケーキの親戚みたいなものだ。

＊＊＊

トムソンの示したモデルでは、原子は正電荷をもつ物質（ケーキ生地の部分）でできた球体の内部で電子（レーズン）が浮

遊しているというものだった。

　私としては、M&Mクッキーを使って考えるほうが好みに合う。この場合、M&Mチョコが電子を表す。

　この電気的に中性のクッキーにちりばめられたM&Mの個数によって、元素の種類が決まる。1個なら水素、6個なら炭素、8個なら酸素だ。

　このモデルはつじつまが合っていた。そこで科学者たちは、このたとえでいうクッキーの正電荷を帯びた生地の部分について、もっとよく知るために実験を行なった。この生地の部分は、正確にはどんなものなのか。

　1909年、アーネスト・マースデンとハンス・ガイガー（のちに放射線量を測定するガイガーカウンターを発明した人物）は、アーネスト・ラザフォードの指示のもとで実験を行なった。彼らはヘリウム原子核（当時は「アルファ粒子」と呼ばれていた）を極薄の金箔に向けて発射した。ヘリウム原子核が金箔を通過する際に進路は多少曲がるだろうが、とにかく金箔を通

するはずだと彼らは考えていた。M&Mクッキーの「クッキー生地」の部分は容易に通過できるはずだからと、最初は金箔の向こう側だけに検出器を設置した。ほとんどの粒子が予想どおりに金箔を通過したが、発射した粒子がすべて検出できたわけではなかった。一部は消失していたのだ。吸収されたのだろうか。あるいはどこか別のところに行ってしまったのだろうか。

　ガイガーとマースデンは、アルファ粒子が「直進」した場合の進路から検出器を徐々に離していった。すると、粒子のほとんどが金箔を通過するが、一部は想定外の角度ではね返ることがわかった。

　ラザフォードは驚愕した。そしてのちにこう記している。

　私が生涯で経験したなかで最も信じがたい出来事だった。直径40センチほどの砲弾をティッシュペーパーに向けて発射したら、はね返ってきて自分に当たるというのと同じくらい、ほぼあり得ないことだった。

　理論上のM&Mクッキー原子の「クッキー生地」部分は、アルファ粒子の砲弾をはね返すほど密度が高いはずがない。そしてM&M、すなわち電子をはね返すこともできないはずだ。アルファ粒子は電子の1万倍の質量があった。だからそのまま通過するはずだ。

　ラザフォードは計算を行ない、実験結果に合う原子モデルは、非常に高密度で正の電荷をもつ核のまわりを電子が飛び回るだけで、ほとんどが空っぽの空間で構成されているもの以外にあり得ないと気づいた。アルファ粒子のごく一部が、あたかもビ

リヤード球にぶつかったピンポン球のように、原子核にぶつかってさまざまな方向へはね返っていた。

　原子全体が低密度のケーキでできているはずはない。ケーキ生地全体が圧縮されてごく小さな塊となり、原子の中心に位置しているのだ。プラムプディングモデル（左の図）は死に絶えた。

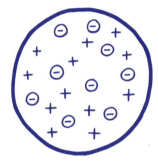 

　太陽を周回する惑星のように電子が原子核のまわりで「軌道」を描いて回るという古典的な原子像（右の図）は、じつは非常に誤解を招きやすい。実際には、電子は円を描いて動くわけではない。あちらこちらへ飛び回り、原子を取り囲む電子の雲を作るのだ。これは極小なものを扱う物理学である「量子力学」の働きによる（量子力学についてはあとの章で取り上げる）。電子が軌道を描いているとするモデルはプラムプディングモデルよりはましだが、完璧なモデルにはまだ程遠い。もう少しましなモデルがこれだ。

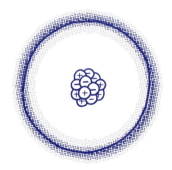

原子のスケール——原子核の大きさと、電子雲を含めた原子全体の大きさの比率——について、ほとんどの人はきちんと理解していない。原子を描いた標準的な図では、原子核がどれほど小さいかがまったく伝わらない。

　正しく描くために、原子核がチョコチップの大きさになるまで原子を拡大してみよう。電子雲がどれほど遠くにあるか、想像してみてほしい。

　チョコチップの原子核をアメフトフィールドの50ヤードライン、すなわちフィールドの真ん中に置くとしよう。原子全体の大きさを定める電子雲は、なんとエンドゾーンに達する。

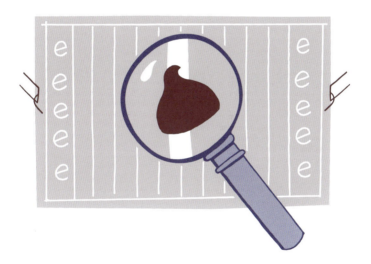

　原子は大部分が空っぽの空間だと言われることがあるが、その理由は今説明してきたとおりだ。50ヤードラインに置いたチョコチップとゴールライン付近から広がる電子雲のあいだには何もない。とてつもなく広大な空っぽの空間が横たわっているだけなのだ。

第4章

クォークを
クッキー交換で
説明する

　祭日やその他のお祝いのときにクッキーを交換するのは楽しい伝統で、新しいクッキーやすてきなレシピを知るのにうってつけの機会だ。友人が「ブラインドクッキー交換」を計画するとしよう。参加者は全員、小さな袋できれいにラッピングしたクッキーを持ってくる。あいにく中身は見えない。このパーティーの作法として、袋の中をのぞいてはいけない。どんなクッキーがあるか、どうしたらわかるだろうか。

　実験物理学者なら真っ先に思いつくのは、2つの袋を超高速で互いにぶつけ合い、砕けた残骸を調べて、それがどんなクッキーだったか突き止めるというやり方だ。

　物理学者は電子、陽子、中性子からなる整然とした簡潔な原子モデルを考案したあと、陽子どうしが非常に激しく衝突した

らどうなるかと考えた。陽子は砕けてもっと小さなパーツになるだろうか。

　この実験をしても、陽子が砕けてその破片が検出されることはなかった。しかしまったく新しいタイプの粒子が生じた。質量はすべて陽子と同じか、それより大きかった。これはまるで、クッキーの入った袋をぶつけ合ったら中身がまったく別のクッキーになったというようなものだ。ともあれ、クッキーの入った袋であることは変わらない。

　物理学者たちは、この「亜原子の動物園」（と呼ばれていた）に加わった新メンバーをすべて調べたすえに、陽子や中性子の中で起きていることを表すモデルを考案した。これはクォークモデルと呼ばれる。

　クッキー交換に持ち寄られたクッキーの袋に話を戻そう。それぞれの袋が陽子や中性子など、1種類の粒子を表すとする（とりあえず電子には触れないでおこう）。これらは一般に「バリオン」と呼ばれる。どのバリオンも袋の中にクッキーが3枚入っている。チョコチップ、オートミール、シュガー、マカダミアナッツなど、いろいろな種類のクッキーがある。そしてそれぞれに赤と青と緑の3色がある。つまり赤のオートミール、青のオートミール、緑のオートミール、赤のシュガー、青のシュガー、緑のシュガー……などがある（次ページ図）。

42 ★ 第4章　クォークをクッキー交換で説明する

便宜上、赤、青、緑の3色を使う

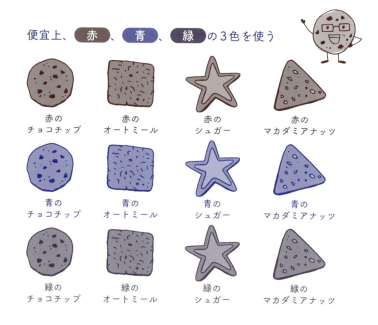

クォーク理論では、こんなルールがある。

1. すべての袋にクッキーが3枚入っていなくてはならない。
2. 3枚のクッキーはすべて別の色でなくてはならない（1枚は赤、1枚は青、1枚は緑）。

このルールに従う限り、クッキーのどんな組み合わせもあり得る。たとえばこんな組み合わせが考えられる。

*赤のチョコチップ、青のチョコチップ、緑のオートミール
*赤のオートミール、青のシュガー、緑のマカダミアナッツ
*赤のマカダミアナッツ、青のシュガー、緑のチョコチップ

これらの組み合わせは、いずれも有効な袋の中身となる。

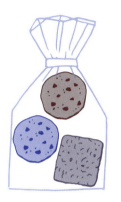

クォーク理論では、クッキー袋のルールがもうひとつある。

3. 袋は中身の色ではなく種類によってふるまいが異なる。

たとえば、オートミールクッキーはシュガークッキーより重いとする。その場合、シュガークッキーが3枚入っている袋は、シュガークッキー1枚とオートミールクッキー2枚が入っている袋より軽いはずだ。しかし次の2つの袋は……

*赤のオートミール、青のシュガー、緑のシュガー
*赤のシュガー、青のシュガー、緑のオートミール

……まったく同じようにふるまうだろう。重さが同じで、それ以外の特性もすべて同じだ。重さを量るだけでは、袋を区別

することができない。

　クォーク理論では、「袋」は陽子や中性子といった粒子を表す。中のクッキーは「クォーク」と呼ばれる。

　クッキーと同様、クォークにもさまざまな種類がある。今までに知られているのは6種類だけで、それらは重さの異なる3種類のペアとなっている。最も軽い2つのクォークはアップクォークとダウンクォークと呼ばれる。中間の重さの2つはストレンジクォークとチャームクォーク、そしてすでに知られているなかで最も重い2つは、トップクォークとボトムクォークと呼ばれる。当初、最後の2つはトゥルースクォークとビューティークォークと命名されたが、物理学者たちはストレンジとチャームという名称ですでにちょっとふざけすぎたと思い、自分たちの理論がもっとまじめなものだと受け止めてもらえるようにと考えて、トップとボトムに落ち着いた。

　クッキー袋のモデルでは、アップ（u）、ダウン（d）、ストレンジ（s）、チャーム（c）、トップ（t）、ボトム（b）の各クォークはそれぞれクッキーの別々の種類に相当する。この6種類のクッキーには、それぞれ赤、青、緑の3色がある。

　陽子はアップクォーク2個とダウンクォーク1個でできている（uud）。中性子はアップクォーク1個とダウンクォーク2個だ（udd）。もちろん、組み合わせはこれだけではない。クォークの組み合わせごとに、異なる性質の粒子ができる。この組み合わせは、いわばレシピだ。以下に組み合わせの一部と、物理学者がそれらにつけた名前を示す。下に行くほど、奇妙な名前になっていく。

シグマ　＝　アップ、アップ、ストレンジ（uus）

ラムダ　＝　アップ、ダウン、ストレンジ（uds）

チャーム・グザイ・プライム　＝　アップ、ストレンジ、チャ
　　　　　ーム（usc）

ダブル・チャーム・ボトム・オメガ　＝　チャーム、チャーム、
　　　　　ボトム（ccb）

　陽子（uud）と中性子（udd）を除き、ほかのクォークの組
み合わせは驚くほど短命で、寿命はわずか1兆分の数秒かそれ
より短い。それでも粒子検出器で観測し、その特性を知ること
はできる。

　これらの粒子を3枚のクッキーの入った袋にたとえて考える
のは、そこで起きていることを視覚化する助けとなるが、現実
は明らかにそれよりずっと複雑だ。

　第一に、クッキー袋に相当するものが実際には存在しない。
クッキーは何かの中に入っているわけではないのだ。代わりに
「グルーオン」と呼ばれる特別な粒子によってつなぎとめられ
ている。この名前はあまりにもわかりやすすぎるかもしれない
が〔「グルー」は接着剤の意味〕、役割はよくわかる。グルーオン
は、第1章で触れた4つの基本的な力のひとつ、強い力を伝え
る。クォークどうしをつなぐ小さなばねのようなものと考えれ
ばよい（次ページ図）。

46 ★ 第4章　クォークをクッキー交換で説明する

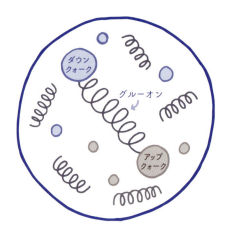

　ここでもうひとつ、はっきりさせておきたいことがある。クォークには赤と青と緑の3色があると言っているが、これらは実際には色ではないということだ。クォークがもつ3種類の特性を表す名称だと理解してほしい。色でなくても、X、Y、Zとか、グー、チョキ、パー、あるいはヒューイ、デューイ、ルーイでもかまわない。ここで赤、青、緑というのは、3種類の特性を指す言葉にすぎない。クォークを直接見ることができたとしても、それに色がついていると誤解しないでほしい。

　クォーク以外には、素粒子はほんのいくつかしか知られていない。電子は「レプトン」と呼ばれる最も単純な素粒子のひとつだ。クォークに3つの「世代」（アップ／ダウン、ストレンジ／チャーム、トップ／ボトム）があるのと同様、レプトンにも電子、「ミューオン」、「タウオン」という3つの世代がある。そしてこの3世代のそれぞれに、「ニュートリノ」と呼ばれるパートナーが存在する。現時点でわかっている限り、レプトンやニュートリノはそれより小さい粒子で構成されているの

ではない。

　レプトンやニュートリノの名称や特性は重要でない。ここでそれらを挙げているのは、素粒子はそれほど多く存在せず、またそれらは整然と組織立っているということを理解してもらうためだ。

　クォーク6種、レプトン3種、ニュートリノ3種、合計12種の素粒子が、「標準モデル」と呼ばれるモデルの基礎となる。次にその図を示す。

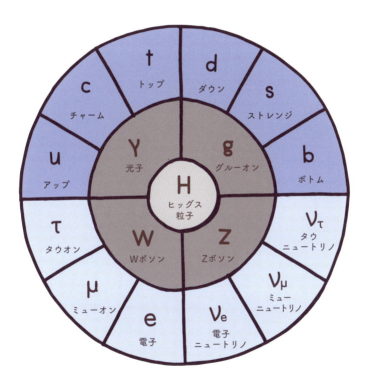

　まだ触れられていない素粒子もいくつかあるのに気づいたのではないだろうか。第1章で、私たちにわかっている力は4つ

しかないと言ったことを思い出す人もいるかもしれない。量子力学では、力は粒子によって伝えられると考える。電磁気力を伝えるのが「光子」、すなわち光の粒子だ。クォークどうしをつなぎとめる強い力は「グルーオン」が伝える。ＺボソンとＷボソンも力を伝えるが、これらが伝えるのは「弱い力」だ。そしてヒッグス粒子はすべての粒子に質量を与える。1964年にその存在が初めて予想されたが、実際に実験で確認できたのは2013年になってからだった。

　標準モデルは、宇宙を構成する最も微小な要素について私たちの知っているすべてを表現する。しかしクォークとレプトンの３世代を見ると、標準モデルの奥にはもっと深遠な何かが潜んでいるように感じられる。それはいったんわきに置いておいて、「ビッグバンをチョコチップで説明する」の章に入ったら再び取り上げる。

　差し当たっては、クッキーやその他の焼き菓子がいったい何種類くらいあるのか考えてみてほしい。種類はいろいろでも、根本的にはだいたい同じ材料でできている。材料の比率が違い、混ぜ合わせ方が違い、焼くときの時間と温度が違うだけだ。同様に、身のまわりで見かけるすべてのものは、目がくらむほど多様なパターンや組み合わせで配置された数少ない構成要素でできている。そう思うと、心地よさとともに畏怖の念を覚えずにいられない。

第5章

量子力学をミルクとクッキーで説明する

　子どものころ、私はオレオをミルクに浸してから食べていた。
　クッキーをミルクに浸すと、クッキーが水面に接したところから波が広がっていく。グラスの中でこの波を観察するのは難しいが、ボウルを使って十分な速さでクッキーを浸せば、波が外側へ広がるのが観察できる。
　何世紀ものあいだ、科学者はオレオクッキーのような「粒子」を「波」とは区別していた。これらは異なる2つの現象で、粒子と波のいずれか一方のふるまいをすることはできるが、両

方はできないと考えられていた。20世紀の初頭、この区別に異議を申し立てる実験が行なわれるようになり、やがて波と粒子はきわめて複雑なコインの両面であると認められるに至った。この見方を記述する新しい理論は「量子力学」と呼ばれ、現実に関する私たちの認識を根本から覆した。

波はいくつかのパラメーターで記述できる。「振幅」は波の高さである。「波長」は波の頂点間の距離を表し、「速度」は波の進む速さを指す。「周波数」という言葉を聞いたことがある人もいるかもしれない。これは1秒間に特定の1点を通過する波の頂点の数だ。波長、周波数、速度は互いに関係していて、これらのうち2つがわかれば、残る1つを特定することができる。

波には興味深い特徴がたくさんあり、そのひとつが互いに「干渉」し合うことだ。2つの波を重ね合わせると、その結果は2つの波を単純に足し合わせたものとなる。下の図では、2つの波の山と谷が同じタイミングで生じている。この2つの波を同時に発生させると、その結果としてできる波は振幅が2倍になる。その波が音波なら、音の大きさも2倍になる。

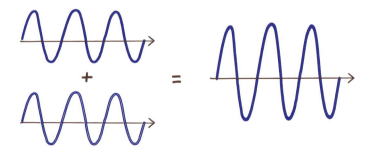

しかし、次の図を見てほしい。波の大きさは同じだが、一方の山と他方の谷が同時に起きている。この2つの波を足し合わせたら、第3の波が現れる。といっても、平坦な直線である。2つの波が完全に互いを打ち消し合うのだ。

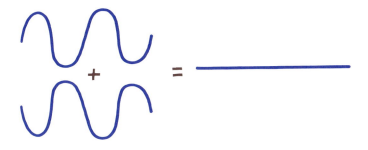

ノイズキャンセリングのヘッドフォンは、この原理を利用している。ノイズを探して感知すると、それをぴったり打ち消す「反対の音波」を生成する。だが、少しのずれもあってはならない。打ち消し音波が少しでも遅れると、むしろノイズがさらに大きくなってしまう。

この仕組みはずいぶんうまくできていて、なかなか役に立つ。一方の音波だけをヘッドフォンで再生すると、その音が聞こえる。2つの音波はまったく同じ音に聞こえる。ところが両方を同時に再生すると、完全な無音になる。これはまるで、2枚のクッキーをミルクに浸すのだが、そのタイミングを完璧に一致させて、ミルクの波をまったく起こさないようなものだ。波を押し隠すステルス技術と言ってもいい。

波が互いに作用して強め合ったり、逆に打ち消し合ったりする現象を「干渉」と呼ぶ。

粒子は干渉を起こさない。クッキー2枚を誰かに投げつけたら、2枚のあいだにどんな時間差が生じるにしても、とにかくクッキーは2枚とも相手に当たる。

ミルクとクッキー、すなわち波と粒子のあいだには、異なる点がある。波は互いに干渉するが、粒子は干渉しないのだ。

光も干渉のパターンを生み出せる。2つの光波を重ね合わせると、光が強くなったり打ち消されたりする。科学者はこの観測結果から、光は波だと理解した。

しかし20世紀が始まったころ、この見方は問題にぶつかり始めた。

クッキーを
食べている
私の自撮り写真

クッキーを食べる自分の姿をスマートフォンで撮影するとしよう。スマホに搭載されているカメラは、光検出器と呼ばれる内蔵の特殊なチップに光を集めることで作動する。

物質のなかには、光が当たると電気を発生させるものがある。たとえば金属がそうだ。金属の内部にある電子は、原子にしっかりと結びついているわけではない。動き回る自由がいくらかあるのだ。そのため、金属は電気のすぐれた伝導体となる。電子が動き回って電流を発生させることができるのだ。

金属に光を当てると、電子がはじかれて飛び出てくることがある。これによって金属の正味電荷が正になる。スマホはこれを利用して、特定の部分に光が当たったかどうかを調べる。スマホ内蔵の光検出器はきわめて細かくグリッドが設けられていて、各エリアについて光の当たった量を個別に調べることができる。これによって、スマホは入射した光から画像を生成することができる。この効果のバリエーションが、ソーラーパネルでも採用されている。

しかし20世紀の初期、科学者はそうした電子について奇妙な点に気づき始めた。たとえば金属に当てる光を強くすれば、飛び出てくる電子のもつエネルギーは大きくなるはずだと予想した。ところが予想は外れた。電子のエネルギーを大きくしたければ、光の強度ではなく「色」を変える必要があった。赤色光を当てたときよりも、周波数の高い青色光を当てたときのほうが、飛び出す電子のエネルギーが大きかったのだ。

こうした説明のつかない現象から、アルベルト・アインシュタインは新しい光の理論を提案するに至った。彼は光が古典的な波ではないと示唆した。光には「光子」という小さな塊が詰まっていて、各光子は一定量のエネルギーをもち、そのエネルギーの量によって光の色が決まると彼は考えた。つまり赤色の光子は常に一定量のエネルギーをもち、青色の光子はこれよりたくさんのエネルギーをもつ。赤色光は輝度が高ければ多くの光子をもつが、各光子のもつエネルギーはどれも同じである。

光は波であるだけではなかった。粒子としてもふるまうのだ。

科学者はまた、粒子が常に自分たちの思っているようなものとは限らないことにも気づき始めた。電子は発見された当初、

粒子だと思われていた。たとえば質量があったからだ。

ところが実験や理論から、電子は波のようにもふるまう可能性が示されていた。電子は波と同じように干渉パターンを生成できるのだ。

ミルクはクッキーにもなることができ、クッキーはミルクにもなることができる、というわけだ。

なぜミルクとクッキーの両方になれるのか。言い換えれば、なぜ波と粒子の両方になれるのか。それを説明するために、量子力学の理論や方程式が考案された。

＊＊＊

あらゆるものがミルクとクッキーの両方になれることから生じる帰結のひとつは、電子（またはその他のごく小さな物体）の正確な位置やエネルギーの大きさが特定できないということだ。存在し得る場所は宇宙全体に広がっている。これはとりわけ波としての物体の性質と関係している。波がどこにあるかを正確に特定することはできないからだ。

量子力学では、粒子が特定の場所に存在する「確率」や特定のエネルギーをもっている「確率」を計算することしかできない。粒子の存在する場所や運動している速度を具体的に述べることはできないのだ。

同じ実験を何度も繰り返す場合、粒子の存在する位置をそのつど正確に知ることはできない。1回の実験の結果は予測不可能だ。しかし生じ得る観測結果の分布は容易に予測できる。また、観測を繰り返した場合の結果の平均も非常に予測しやすい。

サイコロを2つ転がす場合、どの目が出るかはわからない。だが、2つの目の合計が12になる確率が36分の1であることは

わかっている。サイコロを何度も投げるうちに、2つの目の合計は平均で7に近くなることもわかる。

それゆえ、電子が原子核のまわりを回っているという、よくある原子の図は非常に誤解を招きやすい。電子は空間をなめらかに動いているのではない。あたりを飛び回る電子の存在し得る位置の雲として表すほうが適切だ。

電子の正確な位置がわからないにしても、明確な位置は常に存在すると思う人がいるかもしれない。ただその位置がわからないだけだと。

そう思っている人には、心強い仲間がいる。アインシュタインは、粒子は実際に観測されるまで明確な位置をもたないとする量子力学の中核的な考えに異議を表明して、「神は宇宙を相手にサイコロ遊びなどしない」と言ったことで知られる。

しかし、そのような人もアインシュタインも間違っている。量子力学が生まれてからの数十年間に行なわれた実験はすべて、粒子は観測されるまで正確な位置をもたないということを立証している。粒子は基本的にランダムな状態にあるのだ。

＊ ＊ ＊

量子力学は難解なことで知られている。量子力学では、日常からかけ離れた現実が描かれる。量子力学の基礎を築いて原子の構造を粒子と波の両方として説明したニールス・ボーアは「量子論に衝撃を受けない者は、それを理解していない者だ」という有名な言葉を残している。それから数十年後、量子電磁力学と呼ばれる新しい理論を構築したリチャード・ファインマンは、「量子力学を理解している者などひとりもいないと断言してよいと思う」と言った。

量子力学が何を「意味する」のかを哲学的な立場から説明しようと、多くの議論が重ねられてきたが、今もなお統一した見解には至っておらず、解明も進んでいない。私はここでそれに深入りするつもりはない。もっと知りたい方は、巻末の「推薦図書」を参照して、このテーマをもっと深く探ってほしい。

しかしながら、次の点は強調しておきたい。**量子力学は、人類がこれまでに考え出したなかで最も正確で成功を収めている理論である**、ということだ。奇妙ではあるが、正しいのだ。

たとえば、「ミューオンg-2」という測定値がある。量子力学では、これが次の値であるはずだと予想されている。

2.0023318418

2021年、精密な実験で測定した結果は次の値だった。

2.0023318462

鋭い目の持ち主なら、2つの数字の違いは最後の2桁だけ、一方は18で他方は62というところだけだということがわかるだろう。

このきわめて小さな違いが見つかったことで、物理学者たちは沸き立っている。この違いは、量子力学の理論でまだ説明されていない、なんらかの相互作用か新しいタイプの粒子が存在することを意味する。これらの存在が、新しい物理学への扉をこじあけるかもしれない。

このことから、量子力学ではその精密さゆえに、何か新しい発見をするにはきわめて小さな不一致に目を向ける必要があるということがわかる。ほとんどの予測は当たっている。量子力学は奇妙ではあるが、現実世界で観測される現象をこのうえなく正確に説明しているのだ。

＊＊＊

　量子力学では、基本的にあらゆるものが不確定だと言われる。すべてがランダムなのだ。では、エネルギーや粒子の運動が完全にランダムなら、物事はどんな仕組みで働くのだろうか。本書を書いている私の座っている椅子を構成する原子が不意にすべて60センチほど左に移動したら、私は床に落ちてしまう。しかし、私が腰をおろそうとしてうっかり椅子に座りそこねたことはあったかもしれないが、椅子が勝手に移動したことはこれまで一度もない。日常生活でそのようなランダムさを経験することがないのはなぜなのだろう。

　その答えを見つけるために、クッキーを何枚か投げてみよう。これはフロストシュガークッキーだ。

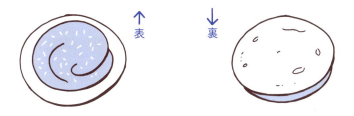

　片面だけフロストが塗られている。そのほうが食べやすい。

　このクッキーを投げると、投げた回数の半分ではフロスト面が表になるが、厄介なことに残りの半分ではフロスト面が裏になってしまう。

　クッキーを2枚投げる場合、表と裏の組み合わせは4通りある。

　投げた回数の半分では、1枚が表で1枚が裏になる。残りの半分では両方とも表または両方とも裏のいずれかとなる。

　10枚投げたらどうだろう。すべてが表またはすべてが裏になる確率は、わずか0.2パーセント（500回に1回）ほどだ。ほとんどの場合、10枚のうち半数が表で半数が裏という結果にかなり近いだろう。全体の85パーセントで、フロスト面が表になるのは4枚、5枚、6枚のいずれかとなる。

　10枚すべてでフロスト面が表または裏で揃う確率が0.2パーセントなので、1枚から9枚でフロスト面が表になる確率は99.8パーセントとなる。次の数直線は、フロスト面が表となったクッキーの枚数を示す。茶色の部分は99パーセントゾーンだ。クッキーを10枚投げたら、99パーセントの確率で、フロスト面が表の枚数がこのゾーンに入る。

　今度はクッキーを100枚投げてみよう。フロスト面が表になる99パーセントゾーンは、だいたい35枚から65枚となる。クッキー100枚をランダムに投げた場合、99パーセントの確率でこのゾーンに入る。

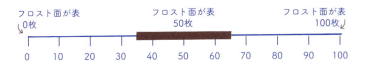

　クッキーを1000枚、100万枚、10億枚投げた場合の99パーセントゾーンを次に示す。

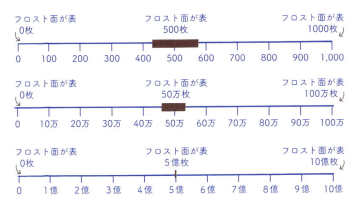

　クッキーを10億枚投げる場合については、99パーセントゾーンはかろうじて見える程度だ。10億枚投げたら、フロスト面が表の枚数はほぼ確実にこの狭い茶色のゾーンに収まる。

　本書の「はじめに」で、クッキー1枚に含まれる原子の数は宇宙全体の恒星の数とほぼ同じで10^{24}個だと言った。これは1のうしろに0が24個並ぶ数だ。これと比べれば、10億は1のうしろに0が9個並ぶだけだから、はるかに小さい。

　この話がどこへ向かっているか、おそらくおわかりだろう。クッキーを10^{24}枚投げた場合、99パーセントゾーンは狭すぎて、このページには示せない。原子の直径よりも狭く、数直線の長さの1兆分の1となるのだ。

第5章 量子力学をミルクとクッキーで説明する

　別の考え方もできる。数直線を引きのばして、99パーセントゾーンをこのページの幅と同じ長さにしたら、数直線は地球から月まで達するはずだ。

　極小の粒子はみなランダムにふるまうが、クッキーに含まれる原子が全体としてどうふるまうかは高い確率で予測できる。すべての原子がいっせいに右へジャンプするということはあり得るだろうか。答えはイエスだ。といっても、その確率はとてつもなく低いので、実際にそれが起きるまでには、宇宙の寿命の何倍ものあいだ待ち続ける必要があるだろう。

　量子力学の奇妙な世界は、こんなふうに日常の世界とつながっている。**ランダムにふるまっているものの多くは、じつは非常に予測しやすい**のだ。クッキーを友人に投げつけても、それが友人の体を通り抜けて向こう側へ出ていくということはないはずだ。ただし、食べられるクッキーが少なくなり、友人が気分を害することは、かなりの確率で予測できる。

第6章

進化をバターとクッキーコンテストで説明する

　バターはクッキーにまろやかで歯ごたえのあるすてきな食感を与える。言うまでもなく、バターは牛乳から作られる。乳を出す「泌乳」は、哺乳類（正式な科学的分類で言えば哺乳綱）の重要な特徴のひとつだ。人間は本能的に、見た目が似ているものを同じグループに分類する。イヌとオオカミが近縁だと直観的にわかるし、ネコとライオンについても同様だ。自分たちが昆虫よりはシカに近いと認識しているし、樹木よりは昆虫に近いとも認識している。生命は複雑で多様だが、そこには秩序の存在が感じられる。

　素粒子であれ、植物であれ、あるいは動物であれ、このよう

な構造やパターンを見ると、その奥にそれを生み出すなんらかの仕組みが存在しているように感じられる。原子について秩序をもたらすパターンは周期表（第3章）であり、素粒子については標準モデル（第4章）だ。そして生物については、「進化」がその役割を担っている。この根底にある仕組みをまとめ上げたのが、1859年にチャールズ・ダーウィンの発表した『種の起源』だった。彼はこの本において、「自然選択による進化」に関する自説を展開している。

　進化に関する中核的な考え方は、同じ種に属する個体のあいだには差異があって、その差異が次世代の性質を定めるというものだ。たとえばシカのなかにはほかのシカと比べて走るのが速い者や、餌を少ししか必要としない者がいるかもしれない。こうした差異によって、繁殖できる確率が変わり、繁殖に適した者は自分と似た子をたくさん残せるようになる。時間とともに、このシカの群れはだんだん環境に適応していく。

　自説を述べる際に、ダーウィンはこう記した。「多数の小さな修正の連続では形成できない複雑な生物が存在するということが証明されれば、私の説は完全に破綻する」。批判的な者たちがすぐさま、自然選択説にケチをつけ始めた。初期に出された異議のひとつは、哺乳類と泌乳に関する問題だった。泌乳はとてつもなく複雑な仕組みだ。こんなものがどうやって発達したのだろうか。

　ダーウィンは『種の起源』の第6版で1章を丸ごと泌乳に充てて、この異議に反論した。彼は、タツノオトシゴが卵と幼魚を育児嚢で育てることを指摘した。哺乳類の祖先にも育児嚢があったのではないか、そして子をそこで育てられるように栄養

の豊富な液を分泌する腺もあったのではないかと彼は論じた。

　ダーウィンの主張は完全に正しいわけではなかったが、近い
ところまでは行っていた。哺乳類の泌乳がどのようにして発達
したのかについて、今ではかなり解明されていて、初期の恐竜
から哺乳類へと至る段階を追ってはっきりとその進展をたどる
こともできる。たとえば眼の進化など、進化説を否定するため
に取り沙汰されたことで知られるほかの仕組みと同様、泌乳に
ついても完全に説明されている。

　進化とは何か、そしてどのように作用するのかについてもっ
と詳しく知るために、クッキーコンテストに参加しよう。いい
考えだと思わないか？　少なくとも、おいしいものが食べられ
ることは間違いない。

　コンテストでは絶対に勝ちたい。私たちには年季を積んだ母
のクッキーのレシピがある。しかし母には悪いが、これが最高
のレシピだとどうしたら確信できるだろうか。砂糖の量は3/4
カップだが、1カップ入れたらどうだろう。あるいは半カップ
にしたらどうなるか。それと、オーブンの温度を200度、焼き
時間を5分だけにしたらどうか。

　答えを確かめるひとつの方法、というかじつのところ唯一の
方法は、材料の量を変えたり、焼き時間と温度をいろいろ試し
たりして、できあがったクッキーを味見することだ。前よりも
おいしくなっていたら、同じ方向へ変更をさらに進めてまた試
作する。焼き時間をもとの10分から9分に短縮したらもっとお
いしいクッキーができたというのであれば、次は焼き時間を8
分にしてようすを見る。

　焼くたびにさまざまな要素を変えられるが、ここでは時間と

温度だけを変えることにしよう。さまざまな温度で、焼き時間も変えて、クッキーを焼いていく。そして結果を図示すると、こんなものができる。

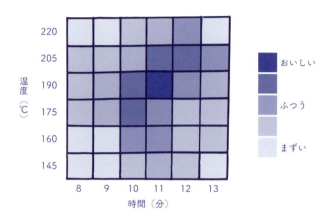

できたクッキーがおいしければ、該当するマスを濃い青色で塗りつぶす。ふつうだったら中間の青色で塗り、まずければ薄い青色で塗りつぶす。

なるほど。190度で11分間焼くと、焼き時間を10分にしたときよりおいしいクッキーができることがわかった。自分たちが最高のクッキーを作っているという確信が強まった。この温度と焼き時間の組み合わせで、私たちの好きなサクサクの歯ざわりが実現できる。

クッキーレシピの改良のたとえには、進化が起きるのに必要な「材料」（比喩的にも、また文字どおりの意味でも）が揃っている。

1. 作り方の指示

2. 指示を変更するための方法

3. できあがったものがどのくらいすぐれているかの評価

　今の例では、レシピが指示に相当する。変更はさまざまな温度と焼き時間を試すこと、そして評価はクッキーの試食だ。

　自然界では、指示はDNAが担う。DNAは、あらゆる細胞の中に入っている遺伝暗号だ。指示の変更は、「突然変異」（複製エラーを指すしゃれた言葉）と「組み換え」（両親に由来するDNAを混ぜ合わせること）によって行なう。評価は、生物が暮らしている環境によって決まる。自分の複製を増やす「繁殖」をどれほどうまくできるかがその基準となる。

　私たちは焼き時間11分の新作クッキーを携えてコンテストに参加するが、残念ながら優勝を逃す。なぜ？　科学的にテストして、最高のクッキーだと自信があったのに。

　優勝したクッキーを食べてみると、私たちの好きなサクッとした食感ではなく、ずいぶんべたっとしている。私たちの考える「最高」の定義、すなわちサクサクの軽い食感というのが、審査員の考える「最高」の定義とは違っていたことがわかる。審査員たちは、もっちりしたチョコチップクッキーが好きだったのだ。

　コンテストで優勝したければ、レシピを変える必要がある。もっちりしたクッキーを作るには、焼き時間を短くするか、温度を低くするか、あるいはその両方をする必要がありそうだ。

　自然界でも、これと似たことが起きる。客観的に「最良」な

植物や動物というものはない。特定の環境において最良である
だけだ。しかし環境は変化する。過去に最良だったものが、今
では最良でなくなっているかもしれない。このような変化は、
地球温暖化や氷河時代といった環境の変化が起きている場合や、
動植物が新天地へ広がろうとしている場合、あるいはそれ以外
の要素が変化している場合などに起きる可能性がある。これら
の変化はどれも「最良」の定義を変える。

　だから、進化に目標があると言うのは間違っている。絶えず
複雑さを増そうとか、動物の知能を高めようとして進化が起き
るわけではない。進化を推し進めるのは、環境が変化したとき
にその環境で役立つものだけなのだ。

　クッキーコンテストのたとえには、欠点がある。コンテスト
のために最高のクッキーを作ろうとしたとき、私たちは意図的
に時間と温度のさまざまな組み合わせを試した。しかし、自然
の進化には意図が関与しない。

　そこで、クッキーコンテストのたとえに変更を2つ加えよう。

　まず、「大ざっぱなクッキー職人」になる。そう、レシピは
あるが、いつもレシピにきちんと従うとは限らない。焼き時間
が10分と書いてあっても、ちゃんと守らないで9分とか11分に
してしまうこともある。砂糖3/4カップと書いてあっても、そ
れよりたくさん入れたり、そんなに入れなかったりする。

　率直に言って、私が料理するときには、だいたいこんな感じ
でやっている。

　また、クッキーをたくさん焼けば、いろいろとばらつきが出
る。平均すればレシピどおりであっても、一枚一枚は少しずつ
違うかもしれない。私たちのクッキー作りは大ざっぱだが、そ

れでもすべてのクッキーについて焼き時間と温度を追跡し、それを先ほどの図のマスに入れてみよう。

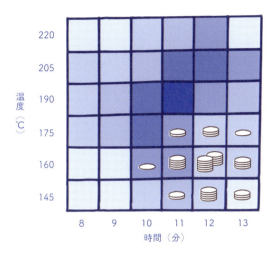

　この場合、レシピでは160度で12分焼くことが求められているので、ほとんどのクッキーはそのマスに入っている。しかし私たちは大ざっぱなので、このマスからいくらかはみ出たクッキーもある。クッキーが「雲」のように広がっているのだ。
　進化では、このような集団は「個体群」と呼ばれる。各個体が互いに似ているがすべてが完全に同じではない集団である。
　これらのクッキーをコンテストに持っていけば、どのクッキーが一番気に入ってもらえるかが把握できる。そして次回にはそれをたくさん作り、気に入ってもらえないクッキーはなるべく作らないようにする。
　最も人気が高いのは、中間の青色のマスに入っているクッキーだとわかった。そこで次回のコンテストでは、このマスにあてはまるクッキーをたくさん焼くようにする（次ページ図）。

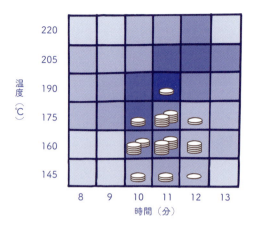

　それでもなにぶん大ざっぱなので、クッキーは依然として雲のように広がっている。とはいえ、最も好まれるクッキーに近づいているのは間違いない。

　だが、前回に最も人気があった1つのマスにあてはまるクッキーだけを作ればよさそうなのに、そうしないのはなぜなのか。「コア」のレシピとは違うクッキーは、別のマスのようすを探るために派遣されるスパイのようなものだ。彼らが探索することにより、個体群は環境に応じて自らを改良することができる。個体群の中に多様性がなければ、自分の今いるマスがよいか悪いかがわからない。環境が絶えず変化している場合──現実世界の環境は実際にそうだ──自分の今いるマスが不意にきわめて劣悪なものになる可能性もある。その場合、次回のコンテストには呼ばれないかもしれない。植物や動物なら絶滅してしまうかもしれない。

　キッチンではクッキーの作り方を追跡し、どのクッキーが一番人気かを把握することもできる。しかし自然界では、多様性

と選択がまさに自然に起きる。すべてのクッキーが、すなわち
すべての動植物が、DNAで描かれたそれぞれの設計図をもっ
ているが、それは親のDNAとは異なる可能性がある。それは
複製エラーや、多くの動植物においては繁殖時に両親のDNA
がシャッフルされたことによるものである。

これによって、個体群内に多様性の雲がおのずと生まれる。
そしてうまくいけば、環境の変化にもっと適応した個体へと進
化していく。

＊ ＊ ＊

物理学が非常に大きなものから非常に小さなものまで、銀河
からクォークまでを研究対象とするのと同じく、生物学も地球
全体の生態系から細胞の機構を構成する小さな分子まで、幅広
い生命を扱う。

しかしその規模にかかわらず、進化はこれらの研究の根底に
あってすべてを支配する概念だ。進化は生物学全体を統一する
概念であり、進化を用いればさまざまな事象が説明できること
は何度となく証明されてきた。

それでも、本書で扱っているほかの科学的な概念とは違い、
進化はおそらく最も議論の多いテーマだろう。1850年代にこの
概念が導入され、泌乳の進化について異議が出されたときから、
議論が始まった。人類は地上で暮らすほかの生命とは別の、そ
れらの上に位置する存在だという従来の見方に、進化論が疑義
を申し立てるからかもしれない。地球は宇宙の中心ではなく、
私たちが太陽のまわりを巡っているのだということを示す証拠
が現れだしたときにも、同様の反応があった。どうやら私たち
は、すべてが私たちのためにあり、私たちは特権的な立場にあ

ると思いたがるらしい。

進化については何度も同じ主張が提起されている。それらについて、ここで簡単に触れておきたい。進化論に反対する立場からの一般的な主張は、進化が起きるところをはっきり目撃することはないのだから、進化というのは信念にもとづく見解にすぎないというものだ。たとえば、こんな主張がなされる。

＊確かに、イヌが別の品種のイヌに変わるのは見てきたが、イヌ以外の別の動物に変わるのは見たことがない。
＊化石の記録はすべてのステップを示しているわけではなく、あいだに空白がある。

1つ目の指摘は間違っているが、広く信じられている。新しい種が誕生し、古い種から枝分かれするのは実際に観察されている。これは特にライフサイクルが短い生物で観察されるが、それは単に、新しい種が進化するまでの期間が短いからだ。それでも私たちは、細菌、植物、昆虫、鳥類などで新種が誕生するのをリアルタイムで目撃している。

化石形成の性質ゆえに、化石の記録は不完全だ。化石は特定の条件下でしか形成されないので、動植物が化石として保存されるには、それに適したタイミングでそれに適した場所にいる必要がある（動物にとっては、いるべきでない場所にいることになるかもしれない）。たとえば私たち哺乳類の祖先ともいわれる単弓類については、非常によい化石の記録が残っている。

複雑さを根拠とする反論もある。生物のもつ仕組みは「偶然」から生まれたにしては複雑すぎるという主張だ。哺乳類の

泌乳は進化によって発達したにしては複雑すぎるという主張は初期の例だ。眼の発達もしばしば取り沙汰される一例だ。

こうした反論に対抗するには、時間と検証を要する。ダーウィンは泌乳に関する初期の仮説を提案したが、その進化について解明が十分に進むまでにはそれから100年かかった。私たちの体の中で進化によって発達した仕組みについて行なわれてきた研究のなかで、これはほんの小さな一例にすぎない。同様に詳細な研究が、眼の構造、循環器系、脳、植物の根や茎、それ以外にも生物に備わるほとんどの仕組みについて行なわれている。

また、進化とは時計の部品を袋に入れて振ったら時計ができあがるようなものだとするたとえが用いられることもある。おわかりだと思うが、進化とは決してそんなものではない。無数のわずかな変化が、未来に残すべきものを選別するフィルターの助けによって蓄積する、ゆるやかなプロセスだ。非常に複雑なものがただの偶然で不意に新しく生まれるのではない。

複雑さを論拠として進化論に異を唱える人は、すでに使われているものを新たな目的に転用することを進化が好むという傾向をしばしば無視する。たとえば最近の研究によれば、眼が青色光を感知するのに使う「クリプトクロム」というタンパク質は、もともとはDNAを損傷するおそれのある紫外光への曝露を警告する細胞内の警報システムの一部だった。細胞が大量の日光にさらされると、それに反応してクリプトクロムの生成量が増えた。のちにこのタンパク質が複製され、概日リズム（昼と夜を正しく把握すること）を調節する光受容体へと進化し、最終的に眼内の青色受容体となった。

生命はリサイクルの達人だ。さまざまな機能を絶えず別の目的に転用し、機能どうしを組み合わせて新しい仕事をさせる。小麦粉は最初、パンの材料として用いられた。しかし数千年のうちに、どれほどたくさんの新たな利用法が生まれたか考えてほしい。どの文化にも独自のパン、ケーキ、クッキー、パイがある。それだけでなく、小麦粉は洗剤、接着剤、虫よけ剤、肌のトリートメント剤としても使える。本書のクッキー職人は、さまざまな要素の斬新でおもしろい組み合わせをどんどん見つけている。同様に、進化のプロセスもタンパク質の新たな用途を絶えず見出している。

　もちろん、本書で触れているすべてのアイデアと同じく、科学者は進化の働きについて今もなお新たな発見を続けている。その理論の詳細には絶えず修正が加えられているが、核となる部分は変わらない。

　たとえば、進化はゆるやかに進行するときもあれば急激に進行することもある。それはなぜだろう。

　ほかにも、解明が進められていることがある。体内にある複雑な遺伝のスイッチが、どの遺伝子を働かせてタンパク質をどのくらい作らせるかを決める「エピジェネティクス」についてだ。これはどんな仕組みで働くのだろう。エピジェネティクスは子孫の世代に受け継がせることができるので、同じDNAをもつ人でもエピジェネティクスは異なる可能性がある。

　最後になったが、腸や皮膚に生息する細菌が体の働きに大きく影響するということも、どんどん明らかになっている。私たちの体の中には、私たち自身ではない細胞が、私たち自身のDNAをもつ細胞の10倍も存在する。このことはどのような影

響をもたらすのだろう。私たちと細菌とのあいだにどんな共進化が起きるのだろう。そしてその共進化は、気候や食事、さらには文化から、どんな影響を受けるのだろう。これらの疑問には、まだ答えが出ていない。

1859年にダーウィンが進化について記したが、その内容はまだ不完全だった。それから150年のあいだに、多くのことが明らかになった。それでも「変異プラス選択」という枠組みは想像を絶するほど強力だ。地球以外の宇宙のどこかで生命体に遭遇した場合、私たちが遺伝情報を記録するのに使っているのとまったく同じDNA分子をその生命体も使っている可能性はきわめて低い。地球で哺乳類が作っているのと同じ乳やバターをその生命体も作っているということはないだろう。それでも、その生命体も自然選択に従って成長し発達してきたことはほぼ確実だ。

私は、宇宙人と友だちになって、クッキーコンテストのあるこの世界に迎えることのできる日を楽しみにしている。

第7章
遺伝子工学を卵で説明する

　前章で、進化するために重要な条件のひとつは、それ自体の作り方すなわちレシピを記録して伝えることだと述べた。何かを作るには、レシピが絶対に必要だ。

＊＊＊

　動物であれ、植物であれ、細菌であれ、とにかくどんな生物でも、そのレシピは細胞の中心にあるDNAに書き込まれている。ニワトリも例外ではない。

　多くの文化で卵は象徴として重要な役割を担う。春、復活、創造を象徴することが多い。

　しかしニワトリにしてみれば、卵の役割は明白だ。ニワトリを増やすことにほかならない。

　受精卵には、ニワトリを新たに作る方法の指示、その指示に従うための仕組み、そしてそれを実行するのに必要なエネルギ

ーと材料が入っている。本章では、この指示がどんなふうに書かれているかを見ていく。そして次章では、指示を遂行するための仕組みを見る。

＊＊＊

　悪い知らせがある。あなたはクッキー工場に監禁され、クッキーを作らされている。救出してもらえる唯一の望みは、外の世界にメッセージを伝えることだ。しかし残念ながら、書く道具がない。そこで別の方法を考えなくてはならない。どうしたらメッセージを伝えられるだろうか。

　使える道具は、自分の焼いているクッキーしかない。焼けるクッキーは4種類ある。

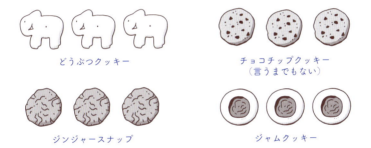

どうぶつクッキー　　　チョコチップクッキー
　　　　　　　　　　　（言うまでもない）

ジンジャースナップ　　ジャムクッキー

　絶えず監視されているから、クッキー自体に細工はいっさいできない。しかし、箱詰めの仕方は変えられる。クッキーを好きな順番に並べることはできるのだ。これをなんとか利用できないだろうか。暗号を作るとか？

　メッセージは言葉で記す。伝えたい言葉はたくさんある。だから言葉をそのまま暗号にするのはとても難しい。

　だが、言葉は文字でできている。英語には何万もの単語があるが、たった26文字ですべて書ける。クッキーを使って文字を

表すことはできないだろうか。

　クッキーを1枚しか使わないなら、表せる文字は4つだけだ。

　クッキーを2枚一組で使ったら、文字を表す組み合わせの数は4から16に増える（4×4）。

　……こんな具合だ。わかってもらえただろうか。

　26に近づいたが、すべての文字を表すにはまだ足りない。そのためには、クッキーを3枚一組にする必要がある。これで組み合わせの数は4×4×4で64になる。これなら26文字に加えて、0から9までの数字や、さらにはスペース（空白）、カンマ、ピリオドを表す組み合わせまで余裕で作れる。これでなんとかなりそうだ。

　ここでそれぞれの文字を表す組み合わせを決める。たとえばこんな感じだ。

……と続けていく。簡単な表を作ってみよう。

	2枚目の クッキー				
1枚目の クッキー	🐘	🍪	🍪	🍪	3枚目の クッキー
🐘	A	B	C	D	🐘
	E	F	G	H	🍪
	I	J	K	L	🍪
	M	N	O	P	🍪
🍪	Q	R	S	T	🐘
	U	V	W	X	🍪
	Y	Z	0	1	🍪
	2	3	4	5	🍪
🍪	6	7	8	9	🐘
	スペース	.	,	!	🍪
	@	#	$	%	🍪
	&	*	(	)	🍪
🍪	–	=	+	/	🐘
	<	>	:	;	🍪
	"	'	[	]	🍪
	{	}			?	🍪

細心の注意を払ってクッキーを3枚一組で箱に入れて、メッセージをつづっていく。「HELP!」と伝えたければ、クッキーをこんなふうに並べる。

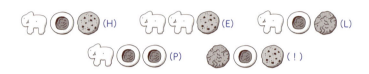

クッキーをたくさん焼いたあとなら、メッセージを完全に伝えることもできる。

「助けて！　クッキー工場に監禁されている！」

クッキーの並べ方を不審に思った人が写真を撮ってインターネットに投稿する。写真は拡散され、数百万人が暗号に挑んで解読し、あなたは無事に救出される。

ハッピーエンドだ。よくやった！

＊＊＊

クッキー工場の物語はとてもドラマチックで、本書のスピンオフとしてネットフリックスでドラマ化される有力候補だが、それだけではなく、卵の中心、そして体内のあらゆる細胞の中心にある、DNAとその情報を処理する装置について理解する助けにもなる。

進化の必要条件のひとつが、複製したい生物を作る手順の指示が存在することだと前に言ったのを覚えているだろうか。すべてを作り上げるための指示を記したレシピが必要なのだ。

そのメッセージは生物にたとえることができる。ここでは二

ワトリにしよう。

脱出のメッセージ ＝ ニワトリ

　クッキー工場から脱出しようとしていたとき、メッセージは「単語」で構成されていた。言語において、1つの単語は1つの概念を表す。たとえば物を表す「クッキー」や、動作を表す「焼く」、あるいは性質を表す「おいしい」は、それぞれ単語だ。生物では、単語は「タンパク質」に相当する。体の機能を維持するのに必要な役割は、すべてタンパク質が遂行する。エネルギーの生産や消費をはじめとする化学反応を助け、環境を感知し、細胞内でよそ者の侵入を阻止する門番として働き、収縮することで筋肉を動かし、細胞に構造を与え、シグナルを発信し、分子をある場所から別の場所に動かす。人体はおよそ2万種類のタンパク質で構成されている。ただし、1種類のタンパク質はたいてい1つの目的しか果たさない。たとえばヘモグロビンは酸素分子をつかまえて全身の細胞に運ぶ。インスリンは代謝を調節し、体に糖を吸収するべきタイミングを教える。

　単語をさまざまに並べることで、小説やバースデーカード、あるいはクッキーのレシピなど、いろいろな文章が書ける。それと同じように、タンパク質のさまざまな組み合わせと配置によって、細菌からアリやクジラに至るまで、地上で暮らすあらゆる生物を生み出すことができる。

単語 ＝ タンパク質

単語が文字でできているように、タンパク質は「アミノ酸」という構成要素でできている。これは糸に通したビーズ、あるいは先ほどのたとえを続けるなら、単語を作る文字のようなものと考えればよい。

私たちの体は20種類のアミノ酸を使う。この数は、アルファベットの26文字にとても近い。文字と同様、この20種類のアミノ酸もさまざまに組み合わさって、私たちの使う2万種類のタンパク質を形成する。偶然にも、ほとんどの英語話者の語彙に含まれる単語もだいたい2万語くらいだ。つまり英語ではアルファベットの26文字を使って2万語の単語を記し、体は20種類のアミノ酸を使って2万種類のタンパク質を作る。

文字　＝　アミノ酸

言語では、文字が最も小さな単位だ。一方、細胞では「文字」に相当するアミノ酸自体が暗号化されている。

DNA

細胞では、「レシピ」は究極的にDNAに記録されている。DNAは、たった4種類の分子が連なって長い鎖となったものだ。この4種類の分子の配列が、究極的に生命のレシピとなる。

4種類の分子は、アデニン、シトシン、グアニン、チミンと呼ばれるが、通常は頭文字を使ってA、C、G、Tで表される。

私はこれを、どうぶつクッキー、チョコチップクッキー、ジンジャースナップ、ジャムクッキーと呼びたい。

81

クッキー工場で監禁されていたとき、アルファベットのすべての文字とカンマやピリオドなどの記号を表すのに、クッキーを3枚一組にする必要があった。DNAでも同じだ。20種類のアミノ酸をコードするのに4種類の「塩基」というものを使い、これを3つずつ一組にして細胞内の装置で解読する。

クッキーの暗号を解読するために作った表を覚えているだろうか。DNAも同じ仕組みで働く。先ほどのクッキーの暗号表をここに示す。さらに、すべての生物で使われている本物の「遺伝暗号」の表も示す。

1枚目のクッキー	2枚目のクッキー				3枚目のクッキー
（ゾウ）	A	B	C	D	（ゾウ）
	E	F	G	H	（チョコチップ）
	I	J	K	L	（渦巻き）
	M	N	O	P	（丸）
（チョコチップ）	Q	R	S	T	（ゾウ）
	U	V	W	X	（チョコチップ）
	Y	Z	0	1	（渦巻き）
	2	3	4	5	（丸）
（渦巻き）	6	7	8	9	（ゾウ）
	スペース	.	,	!	（チョコチップ）
	@	#	$	%	（渦巻き）
	&	*	(	)	（丸）
（丸）	-	=	+	/	（ゾウ）
	<	>	:	;	（チョコチップ）
	"	'	[	]	（渦巻き）
	{	}	|	?	（丸）

82 ★ 第7章　遺伝子工学を卵で説明する

1つ目の ヌクレオチドの塩基	2つ目の ヌクレオチドの塩基				3つ目の ヌクレオチドの塩基
	A	C	G	T	
A	LYS	THR	ARG	ILE	A
	ASN	THR	SER	ILE	C
	LYS	THR	ARG	START	G
	ASN	THR	SER	ILE	T
C	GLN	PRO	ARG	LEU	A
	HIS	PRO	ARG	LEU	C
	GLN	PRO	ARG	LEU	G
	HIS	PRO	ARG	LEU	T
G	GLU	ALA	GLY	VAL	A
	ASP	ALA	GLY	VAL	C
	GLU	ALA	GLY	VAL	G
	ASP	ALA	GLY	VAL	T
T	STOP	SER	STOP	LEU	A
	TYR	SER	CYS	PHE	C
	STOP	SER	TRP	LEU	G
	TYR	SER	CYS	PHE	T

　クッキーの表が理解できるなら、遺伝暗号の表も理解できるはずだ。これらは同じものなのだ。アミノ酸はフルネームではなく略語で記されている。たとえば「LYS」は「リシン」、「THR」はトレオニンを表す。しかし名前は重要でない。大事なのは、3つの塩基がアミノ酸1つに対応していることだ。

　表をよく見ると、暗号ATGがSTART（開始）を表していることがわかる。この暗号は、DNA上でそれぞれのタンパク質が始まる部位を示している。STOP（停止）を表す暗号もいく

つかあり、そのひとつがTAAだ。各タンパク質の暗号はSTARTとSTOPに挟まれている。これはクッキーの暗号におけるスペースとピリオドに似ている。

文字、記号 ➡ アミノ酸、START、STOP
単語 ➡ タンパク質
メッセージ ➡ 生物

　ヒトの遺伝暗号は、およそ30億個のヌクレオチドを使ってDNAに記されている。これに対し、大腸菌のヌクレオチドは500万個ほどにすぎない。それでも、私たちは生物のなかで最大のDNAをもっているとはとうてい言えない。ドイツトウヒという樹木には、ヌクレオチドが200億個ある。しかし最大の栄誉は日本の稀少な花、キヌガサソウに与えられる。この植物には、なんとヒトの50倍にあたる1500億個のヌクレオチドが備わっているのだ。

　私たちは30億個のヌクレオチドをもっている。それならば、私たちの暗号には10億個の「文字」が記されていることになる。というのは、ヌクレオチドの塩基は3個一組で1つの文字、す

84 ★ 第7章 遺伝子工学を卵で説明する

なわちアミノ酸を表すからだ。ちなみに、英語の小説で最長の部類に属するものは、400万文字くらいで書かれている。

　本書の冒頭で紹介したチョコチップクッキーのレシピは、わずか343文字で書かれている。レシピが長ければおいしいとは限らない。

第8章

胚発生を クッキーの デコレーション で説明する

　手順の指示は卵の大事な要素だが、その指示を読んで実行する装置も大事だ。赤ん坊がたったひとつの細胞から育ち、体を形作るすべてのパターンが正しい位置に配置されるのは、奇跡のように感じられる。

　幸いにもこの数十年のあいだに、こうしたパターンが生み出される仕組みについてじつに多くのことが明らかになった。それについてうまく説明するには……やはりクッキーを使うのが一番だ。

　フロストですてきな模様を描いたクッキーを作りたい。しかし私はこのうえもないものぐさで、自分でその作業をするのは気が進まない。そこで、正しい位置にフロストを塗ることので

86 ★ 第8章　胚発生をクッキーのデコレーションで説明する

きる、超小型装置を発明した。

　何も塗っていないクッキーがある。クッキーの表面全体に、
数千個の超小型フロスト装置をテレビの画面のピクセルのよう
に配置してある。これらの装置に対してそれぞれ個別に、フロ
ストを塗るときと塗らないときを指示できる。

　しかし私はものぐさなので、すべての装置に同じ指示を搭載
したい。指示を何千セットも書くのではなく、1セットで済ま
せたい。

　指示1セットで、どうしたら複雑な模様を描けるだろうか。

　この問題を解決する前に手の内を明かして、皆さんがおそら
くすでに察していることにお答えしよう。そう、この自動フロ
スト塗りクッキーの問題は、胚の発生と似ているのだ。最初、
胚は1つの細胞だが、すぐに自らを複製して数千個の細胞の集
まった塊になる。この細胞たちは、骨になるか、筋肉になるか、
皮膚になるか、眼になるかを決めなくてはならない。しかし各
細胞がもっている指示のセットはすべて同じだ。つまり、どの
細胞も同じDNAをもっている。

　自動フロスト塗りクッキーを見れば、この仕組みを理解する
助けとなるはずだ。それから単純なクッキーモデルと現実世界
の違いについて考えよう。

　私たちはみな、自動フロスト塗りクッキーなのだ。

自動フロスト塗りツールキット

何も塗っていないクッキーがある。

模様を描くには、いくつかの機能が必要だ。

まず、クッキーの一方の端で強く、反対側へ向かうにつれて弱くなるシグナルが要る。こんな感じだ。

このシグナルは化学物質でもいいし、電気か磁気の力でもいい。あるいは光でも、じつのところ何でもいい。いずれにしても、シグナルの強さを感知できるセンサーがフロスト装置に備わっている必要がある。それから、シグナルがある一定の値より強いか弱いかによって「オン」と「オフ」を切り替える指示も必要だ。

たとえば、シグナルの強さが0から100までの範囲になるとしよう。この値が70以上なら装置がオンになるというルールを

設けていれば、次の図で黒い部分にある装置がオンになる。

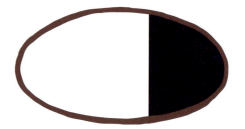

70以上ならオンに

この値が40以上ならオンになるというルールなら、こんなふうになる。

40以上ならオンに

わかってきただろうか。これらの模様は、クッキーをフロスト液に浸しただけのように見える。だが、もっと複雑な模様も描ける。

波打たせる

指示のツールキットに入っている次のアイテムは、別のタイプのシグナルだ。これ以外に必要なシグナルはもうない。今度のシグナルは波状になっていて、こんなふうに見える。

89

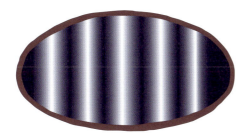

　この波状のシグナルと、先ほどの高い値から低い値へなめらかに下がっていくシグナルは、どちらも自然のさまざまな現象で生じる。だから私たちの装置の基礎として使うのにも適している。

　この波状のシグナルと「オン・オフ」スイッチを一緒に使うこともできる。そうすると、縞模様が現れる。いい感じになってきた。ちゃんとしたフロストクッキーらしく見える。

ストライプのシグナル、50以上ならオンに

　シグナルは左から右に向かって強くなる必要はない。上から下でもいい。そうすると、こんなふうになる（次ページ図）。

ツールキットにはアイテムがあと1つ入っている。ブロックやストライプの描き方はわかった。それらを使ってスイッチをオンにした。だが、一度オンにしたスイッチをオフに戻すのにもそれを使ったらどうなるだろう。

次の図では、2つのパターンを使う。黒は装置をオンにし、茶色はオフにする。「オフ」のパターンでも「オン」と同じルールを使うので、ブロックやストライプができる。

2つのパターンを組み合わせると、3つ目の図のような、太いストライプが描ける。

まず、黒のパターンを適用する
（40以上の装置はオンに）
それから茶色のパターンを適用する
（80以上の装置はオフに）

ブロックのサイズを変えることで、どこにでも好きな太さのストライプを入れられることがわかる。

いよいよ、ツールキットのツールを駆使して、いろいろと楽

しめる。横方向のシグナルで描いたブロックから縦方向のシグナルで描いたブロックを除くと、角にブロックが残る。

縦方向のストライプから横方向のストライプを除くと、格子模様ができる。

ストライプから3つのブロックを除けば、3つの小さな四角を残すこともできる。

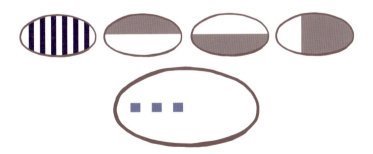

これらのツールを使えば、ものぐさなクッキーデコレーション職人が定めたルールに従いながらも、目がくらむほどたくさ

んの模様を描くことができる。

これらの手順は、基本的に胚が発生するときに使うツールと同じだ。

胚の場合、「シグナル」はタンパク質の濃度である。胚の一端ではタンパク質濃度が高く、反対側へ向かうにつれて下がっていく。タンパク質を胚の内部に送り込む「ポンプ」が胚の一端にあれば、この状況は簡単に作れる。ポンプの近くではタンパク質濃度が高く、当然ながら離れるにつれて濃度は下がっていく。

発生のごく初期に、胚は2本の「軸」を発達させる。一本は水平方向、もう一本は垂直方向の濃度勾配である。これによって基本的に各細胞は、胚の中で自分のいる位置を知ることができる。これは地球上で緯度と経度を使うのとよく似ている。

これらのシグナルタンパク質は、DNA上の遺伝子の「スイッチ」をオンにする。これはクッキーのフロスト装置のスイッチと似ている。遺伝子スイッチとは、どのように働くのだろうか。

DNAがタンパク質を作るのにアミノ酸配列を指定する仕組みについては、すでに説明した。しかし、すべての配列からタンパク質が作られるわけではない。DNAのうち、実際にタンパク質をコードしているのは1パーセントだけなのだ。長いあいだ、残りの99パーセントは何の役割も果たさない「がらくた」のDNAだと思われていた。進化の残したただの残骸ではないかと見られていたのだ。しかし最近数十年のあいだに、この「がらくた」呼ばわりされていたものが、じつはがらくたからは程遠いということが明らかになってきた。その多くは、特

定タンパク質の生成を開始または停止させる遺伝子スイッチを作るためのものだったのだ。

　シグナルタンパク質は、DNAの特定の配列を見つけてそこにくっつこうとする。目指す配列を見つけると、そこにしっかりとしがみつく。タンパク質の形状によっては、これがDNAを読み取る「装置」（RNAポリメラーゼと呼ばれる）の注意を引くことがある。この部位を「プロモーター」と呼ぶ。しかしシグナルタンパク質が、RNAポリメラーゼによるDNAへの結合と読み取りを「妨げる」場合もある。このようなタンパク質は「リプレッサー」と呼ばれる。

　こうしたプロモーターとリプレッサーの組み合わせにより、一部の領域にある細胞はDNAの特定部位を活性化するが、そのような反応が起きない細胞もある。これは、クッキーに模様が描かれる仕組みとそっくりだ。

　たとえば、先ほど紹介した3つの模様をもう一度見てみよう。

　最後に残ったブロック（青色）を描くには、最初に黒のブロックを描き、そこから茶色の部分を除いたことを思い出してほしい。これと同じことをDNAで実現するために、どんなことが行なわれているのだろうか。

　読み取られると「青」のタンパク質ができる遺伝子があるとしよう。

94 ★ 第8章 胚発生をクッキーのデコレーションで説明する

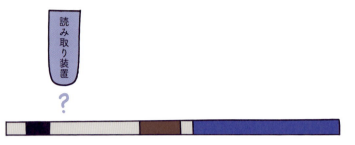

　ここには助けとなるタンパク質がないので、読み取り装置は青のタンパク質を作らないか、作るとしてもたくさんではない。DNAにきちんとしがみつくには助けが必要なのだ。

　前のページで示した胚の「黒」の部分にある細胞が、装置をオンにして「黒」と呼ばれるタンパク質を生成するとしよう。このタンパク質は細胞内を浮遊して、やがて上に示したDNA鎖の黒い部分の付近にたどり着く。「黒」はちょうどその部分に適合するので、そこに結合したがる。

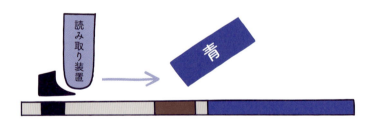

　「黒」が結合すると、読み取り装置にとって読み取りを開始しやすいスロープが生じる。そこからうまくDNA上を進んでいき、「青」のタンパク質を生成する。

しかし細胞が胚の茶色の部分にも存在すると、DNAの別の部分が「茶色」のタンパク質を生成する。

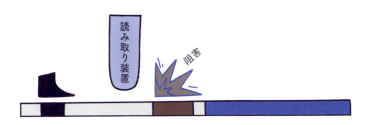

「茶色」のタンパク質はDNA鎖の「茶色」の部位に結合する。これはとげとげしく、おおむね友好的でない。そして読み取り装置は、これにぶつかるとそれ以上進めなくなる。その結果、「青」が生成できなくなる。

これらの作用が合わさると、「黒」は生成しているが「茶色」は生成していない細胞だけで「青」が生成できることになる。ここで「黒」はプロモーター、「茶色」はリプレッサーである。

まだ触れていないことがひとつある。「青」の役割だ。おもしろいことに、「青」は細胞内で糖を運搬するなどの仕事もできるし、シグナルとして機能することもできる。ほかのタンパク質に対してプロモーターかリプレッサーのいずれかの役割を果たし、さらにあるタンパク質に対してはプロモーターとして、また別のタンパク質に対してはリプレッサーとして働くこともできる。

生物全体はこんなふうにできているのだ。

現に、前にも挙げた次ページの例は、多くの動物において発

生の最中に観察される実際のパターンと似ている。

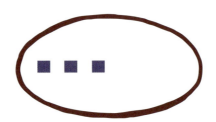

　図の紫の四角は、付属肢が育つ部位だ。この場合、「紫」は「ディスタルレス」（Dlx）と呼ばれる特別なタンパク質である。このタンパク質を阻害したら脚の発生が止まったので、「遠位部」（distal、四肢や触角など）が「ない」（less）という意味でこの名前がつけられた。

　ある領域にDlxが存在すると、そこから付属肢が成長する。このタンパク質は、その領域にある細胞のもつ「脚を作れ」というプログラム全体をオンにするスイッチなのだ。

　同様に、PAX6というタンパク質は眼を形成させる。PAX6がシグナルを発すると、眼の「プログラム」が作動する。たとえばショウジョウバエの胚を使った実験で、翅が発生する部位にPAX6を導入すると、予想どおり眼のついた翅が生じた。

　DNAの配列決定が簡単にできるようになるにつれて、DlxやPAX6といった遺伝子について驚くべき発見がなされるようになった。これらの遺伝子はすべての動物にあり、ほぼ完全に同じタンパク質を作り、ほぼ完全に同じ役割を果たす。

　マウスのPAX6をハエに導入すると、やはり眼が発生する。マウスとハエのどちらの眼になるのかという疑問にお答えする

なら、発生するのはハエの眼である。

　つまり、「眼」という概念は想像を超えた大昔からあり、「眼」の意味はほぼすべての動物種において保存されてきたのだ。進化論者は、「眼」と言っても、ハエの複眼とヒトの眼は別個に進化したか、あるいははるか昔に分岐したのでそれを作る仕組みが今では両者のあいだでまったく違ったものになっていると考えていた。ところが、実際にはそんなに違わない。「眼をここに作れ」というマスタースイッチは、何億年ものあいだ保存されてきた。感光性部位しかもたない単純な蠕虫<ruby>蠕虫<rt>ぜんちゅう</rt></ruby>でさえ、その部位を形成する際にはPAX6を使う。付属肢に話を戻せば、ヘビもそれを作り出すDlxのシグナルをもっている。しかしヘビの場合は、リプレッサーが働くので付属肢を作らない。

　動物の成長にはこのようなモジュール構造があって、ある生物では脚をある場所に生やし、別の生物では別の場所に脚を生やし、眼を特定の場所に作り、腹部を長くしたり短くしたりする。そのおかげで、進化は新たな体の形態を発生させる強大な力をもつ。これによって動物の形成は、無限のバラエティーに富んだやり方でブロックを組み立てるレゴに似たものとなる。しかし使うのは、いつも同じ基本的な遺伝子ツールキットだ。

　要するに、私たちはみな、信じがたいほど複雑な模様の描かれたクッキーなのである。

第9章

不確定性をブラウンシュガー（きっちり詰めて3/4カップ）で説明する

　1919年1月15日の午後0時30分、ボストン住民は地面が揺れ始めたのを感じた。すぐに激しい轟音が続いた。900万リットル近くもの糖蜜の入ったタンクが倒壊し、べたべたの中身をあたりにぶちまけたのだ。
　茶色い糖蜜の奔流が通りを駆け抜け、甘ったるい液で人や動物をのみ込んだ。《ボストンポスト》紙はこう報じている。

「腰の高さまである糖蜜が通りを埋め尽くし、渦巻き、泡立ちながら、がれきを翻弄した。……そこかしこで、もがく姿が見えたが、動物か人かは判然としない。べたべたの糖蜜の一部が盛り上がって暴れているので、そこに生き物がいることがわかるだけだ。……ハエ取り紙にとらわれた無数のハエのように馬が死んだ。もがけばもがくほど、がんじがらめになった。人も──男性も女性も──同じ苦しみを味わった」

「糖蜜の大洪水」と名づけられたこの事故で、21人が亡くなり、150人が負傷した。処理には何週間もかかり、ボストンでは何もかもがべたべたになった。住民によると、それから何十年ものあいだ、暑い日には町に糖蜜のにおいが立ち込めたという。

糖蜜の大洪水が残した爪痕。

100 ★ 第9章 不確定性をブラウンシュガー（きっちり詰めて3/4カップ）で説明する

　ブラウンシュガーは糖蜜をいくらか含む砂糖であり、糖蜜は
サトウキビの抽出液を煮詰めて作る。純粋な糖蜜を作るには、
煮詰めて冷ます作業を3回繰り返す。このサイクルのたびに砂
糖が抽出され、液は濃縮されて色が濃くなり粘りが強くなる。

　ブラウンシュガーは1回目の煮詰め作業で得られるもので、
少量の糖蜜がまだ混ざっている。しかし店で売っているブラウ
ンシュガーはほとんどが、純粋な砂糖と糖蜜を混合したもので、
糖蜜の割合は3.5パーセント前後だ。色の濃いブラウンシュガ
ーだと、糖蜜は6.5パーセントほどとなっている。

＊ ＊ ＊

　糖蜜の大洪水はなぜ起きたのか。タンクを所有していたピュ
リティ・ディスティリング社に対して大規模な訴訟が起こされ
た（社名の「ディスティリング」〔蒸留〕は、糖蜜を発酵させ
るとアルコールができることと関係する）。決着するまでに何
年もかかった。糖蜜自体が爆発したのか？　ボリシェヴィキ派
か無政府主義者が爆弾をぶち込んだのか？　あるいはタンクそ
のものに欠陥があったのか？

　最終的に、裁判ではタンクに欠陥があったと認定された。検
査が適切に実施されておらず、設計もずさんだった。事故の4
年前に完成したばかりで、容量いっぱいまで満たされたのは8
回だけだった。

　何より重要だったのは、事故の前日は気温が非常に低かった
が、当日にはマイナス17度からプラス4度まで急上昇したこと
だ。そのうえ、タンクは前日に充填したばかりだった。急激な
温度上昇により糖蜜が膨張し、タンクに圧力がかかった結果、
倒壊に至ったのだ。

何かを設計する場合、建設に使う材料や工事方法、そして完成した建造物の使用法をめぐる「不確定性」を、エンジニアは考慮する必要がある。貯蔵タンクを建設する際に鋼板を溶接したりリベットで留めたりする作業にはあまりなじみがないかもしれないが、食べ物の関係する建設プロジェクトとして最も有名なものについては、皆さんよくご存じではないだろうか。そう、ジンジャークッキーハウスだ。

自分がジンジャークッキーのエンジニアで、ジンジャークッキーでできた貯蔵タンクを設計しているとしよう。まずサンプルのタンクをいくつか試作して、糖蜜を貯蔵するのに必要な壁の厚さを特定する。しかし実際にタンクを建設すると、実物と試作品とのあいだには確実に違いが生じる。一部のクッキーの焼き時間が長かったり、材料の配合が少し違ったりするかもしれない。パーツを接着するアイシングの接着力が試作のときより強い（または弱い）かもしれない。ジンジャークッキーハウスを作るたびに、さまざまな違いが起きると考えられる。

では、ジンジャークッキーエンジニアとしてはどうするべきか。こうした変動にはどう対処したらよいのだろう。

「安全マージン」を設けるのだ。糖蜜の量に対して必要な強度が計算できたら、その2倍の量に耐えられるタンクを設計する。材料や建設方法に変更が生じても大丈夫だと、かなりの程度まで確信できる。もちろん絶対ではないが、確信の度合いは格段に高まるはずだ。

厄介なのは、安全係数をどうするかだ。今の例では、強度の値を2倍にした。しかし強度を上げればコストも上がる。そこで、タンクを作る会社は安全マージンを抑えようとするかもし

れない。2倍でよいのなら、1.95倍でもほぼ確実に大丈夫だろう。これでコストが抑えられて、他社との競争にも有利になるはずだ。

タンクの倒壊は大惨事につながる可能性があるが、しょっちゅう起きることではない。そのうえ、糖蜜の大洪水の直前に気温が急上昇したことや、タンクを充填したばかりだったことなど、複数の要因について考える必要がある。自由市場はこのような状況をあまり適切に扱えない。企業は他社と競争するために安全マージンをどんどん削りたがり、そうこうするうちに惨事が起きたりする。

これは、政府の規制の有効性を示す好例だ。政府が具体的な安全係数を定めれば、すべての企業が対等に競争できる場が生まれ、市民にとって安全性のレベルが明確になる。この種の事柄については、自主規制は機能しない。検査をして一定の条件を強制する権限をもつ外部機関のほうが、はるかに有効なのだ。

＊ ＊ ＊

ジンジャークッキーハウスを作る材料の計量や、強度のテストで起こり得る誤差の原因として、測定自体も考えられる。ブラウンシュガーを3/4カップ量る場合、それは実際どのくらい正確なのだろうか。

誤差の原因はいくつか考えられる。計量カップに入れたブラウンシュガーの表面を完璧に平らにすることはできない。カップの目盛りより少しへこむとか、逆に少し盛り上がることもあり得る。あるいはレシピの作者が考えていたほどに、ブラウンシュガーをカップにきっちりと詰めないこともあるかもしれない。

一方、計量カップ自体が不正確で、3/4カップを正確に量れないという可能性もある。自分の使っている計量カップや計量スプーンが実際にどのくらい正確か、どうしたらわかるのだろう。

測定に使う器具は、正確であることが確認されている基準と比較してテストする必要がある。この作業を「較正」と呼ぶ。測定値が基準に合うように器具を調整できる場合もあるが、計量カップのように器具自体は調整できない場合もある。誤差が十分に小さければ、目的によってはそのまま使い続けても大丈夫な場合もある。一方、使用を中止するべき場合もある。

較正と検証は、科学の世界にとどまらない。商業的な目的で用いられる測定値も検証が必要だ。政府の職員は一般にスーパーマーケットの秤やガソリンスタンドの給油機を毎年検査して、許容範囲内の精度であることを確認する。

実際、測量系が発明されたのは、商業を公平で公正なものにするためだった。最古の測量系が考案されたのは、今から5000年前のバビロニアで、重量の標準単位としてシケルが用いられた。60シケルが1ミナで、60ミナが1タレントとされた。公正な取引が行なわれるように、標準分銅が配給された。

スーパーマーケットで秤を較正する検査官は、標準分銅一式を持参する。しかしその分銅が正確かどうかは、どうやって確かめるのか。分銅を検査所に持っていき、検査と較正を行なう。では、検査所の装置が正確かどうかはどうやって確かめるのか。これにも較正が必要だ。

これは「較正の連鎖」と呼ばれ、すべてが管理され正確であることを確実にする手段となる。しかし連鎖の頂点には何があ

るのだろうか。あらゆるものの最終的な参照基準とは何なのか。

　最古の単位のひとつであるキュビットは、肘から中指の先までの長さである。当然想定されるとおり、この長さは人によってかなり異なる。統治者の腕を使うこともあったが、それも一生のあいだに変化する可能性がある。エジプトなどの古代文明では、「標準尺」が作製されて厳重に保管された。これを基準として同じ長さの尺が作られ、全土に配布された。

　重量の単位については、人の体を基準にするのは難しい。しかし幸いなことに、穀物の粒は大きさがかなり揃っている。そこで「グレイン」（穀粒）が重量の単位としてしばしば用いられた。そして現在でも用いられている。

　標準尺のような参照基準があるだけでは、現代の測量で求められる条件を満たすことはできない。人が作る必要がなく、自然界に存在し、きわめて安定しているものが必要だ。パリに本部を置く国際度量衡局は、そうした基準を開発する責任を負っている。

　たとえば「秒」は、正式にはこんなふうに定義されている。

セシウム133原子の基底状態における2つの超微細準位間の遷移に対応する放射の周期の9,192,631,770倍の継続時間。

　この定義の意味に深入りするつもりはないが、原子内で異なるエネルギー準位のあいだを電子が移動することと関係している。これならどこの検査所でも測定できる。異星人でも理解し、地球の秒の長さを特定することができる。宇宙のどこへ行っても、セシウムはセシウムなのだ。

「秒」が定義できたら、それを基準として利用できる。長さの基本単位である「メートル」は、不変である光の速度によって次のように定義される。

光が真空中で1/299,792,458秒間に進む距離。

こうした測量系の改良は、今もなお続いている。質量の単位であるキログラムは、もともと1リットルの水の質量として定義された。しかし、この定義はあまり正確ではなかった。というのは、水にはさまざまな物質が溶けている可能性があるうえに、温度や気圧によって密度もかなり変動するからだ。

1889年、プラチナとイリジウムでできた円筒形のキログラム原器が作製され、世界共通のキログラムの基準となった。しかし当然ながら、時間の経過とともに円筒から原子が失われてしまう。そこでもっとすぐれた基準が必要となった。つい最近の2019年にようやく、量子力学の重要な定数である「プランク定数」にもとづいたキログラムの新たな公式基準が施行された。プランク定数とは、光子のもつエネルギーを決定する値である。

今ではすべての測定が普遍的な定数にもとづいている。3/4カップのブラウンシュガーの計量も、突き詰めればセシウムの放射、光子のエネルギー、そして光の速度にたどり着く。こんなものがキッチンの引き出しに入っているとは、なかなかすごいことではないか。

第10章

熱力学を ベーキングと アイスクリーム サンドで 説明する

　2019年、宇宙でベーキング（オーブンで菓子を焼くこと）をするために、特別なオーブンが国際宇宙ステーションに届けられた。これを使って最初に作られたのは、そう、チョコチップクッキーだった。

　私たちは調理することで食べ物の温度を上げる。通常、これによって物理的または化学的な変化が起きる。たとえばチョコチップが溶けたり、スフレが固まったりする。しかし効果はこ

れだけではない。気泡を膨らませてケーキをふわふわにしたり、細菌を殺したりする効果もある。

目的が何であれ、通常のオーブンは一般にどれも同じように働く。（通常は）オーブンの上部に設置されている発熱体が庫内の温度を上げることにより、食べ物の温度を上げる。

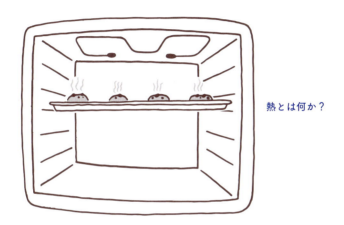

熱とは何か？

熱はどのようにして発熱体からクッキーに伝わるのか。そして「温度」とは厳密には何なのか。18世紀にはいくつかの説があったが、有力だったのは「カロリック説」だ。この説によると、熱とは「カロリック」と呼ばれる不可視の流動体で、これが物体のあいだを流れる（高温の物体から低温の物体に流れて、低温の物体を温める）とされた。しかし19世紀の科学者は、熱が単に分子の振動であることを発見した。揺れ動く速度が速ければ速いほど、「熱く」なった。

一般的なオーブンでは、オーブンの上部または底部に設置された発熱体を電気で温める。しかしそれだけでなく、熱を発熱体からクッキーに伝える必要がある。これは分子を互いにぶつ

からせることでできる。ビリヤード台に何兆個もの小さなビリヤード球が広がっているようなものと考えればよい。

　最初、オーブン内の空気の分子はすべてほぼ同じ速度で運動する。つまり同じエネルギーをもっている。発熱体の温度が上がるにつれて、一部の分子が発熱体にぶつかってエネルギーを受け取り、もっと速く運動するようになる。速度の遅い分子にぶつかると、エネルギーの一部がそちらに移る。やがてすべての分子の平均エネルギーが徐々に増え始める。

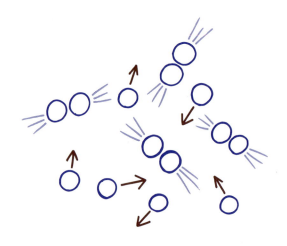

　ここからさまざまな結果が生じる。まず、オーブンが温まるまでにはいくらか時間がかかる。すべての衝突が起きるのに時間がかかるからだ。また、発熱体の近くのほうが、オーブンの中央より高温になる。この温度差が大きな意味をもつ場合がある。

　オーブンの上下の段でクッキーを焼くと、下段のほうが上段よりも焼くのに時間がかかる。これは、下段のほうが熱源から

離れているからだ。

　衝突によって熱が空間に広がる現象を「熱伝導」と呼ぶ。空気の分子がクッキーにぶつかると、空気の分子からクッキーの分子にエネルギーが移る。これによってエネルギーを失った分子は、温度が下がる。こうなった分子はあたりを漂い、自分よりも高温でエネルギーをたくさんもっている分子がぶつかってくるのを待つ。そうなれば再びエネルギーを獲得し、またクッキーにぶつかっていくことができる。これには当然、時間がかかる。

　食べ物にエネルギーを与えた分子は食べ物から離れ、自分より高エネルギーの分子に役目を譲る。この流れが食べ物を加熱するのに役立つ。エネルギーのコンベアベルトのようなものだと考えてもよい。

　この現象は「対流」と呼ばれ、対流式オーブンは（当然なが

ら）この仕組みを利用する。オーブン内でファンを使って高温の空気をかき混ぜることにより、低温の分子を食べ物から遠ざけて発熱体の近くに戻し、同時に高温の空気に食べ物を加熱させる。

オーブン以外にも、キッチンで同様の効果を観察することができる。湯を沸かしている鍋だ。低温の水は高温の水よりも密度が高い。そのため鍋の底で温められた水は上へ向かい、低温の水は下に沈む。オーブン内の空気と同じことが起きている。そして低温の水が熱源の近くへ移動してすばやく温まり、対流のサイクルが続いていく。

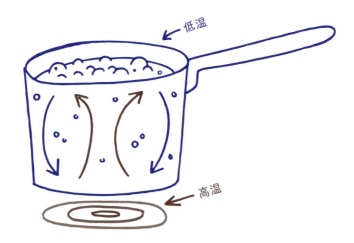

水を底からではなく上から加熱して湯を沸かそうなどと考える人はいないだろうが、一応言っておく。そんなことをすると、はるかに時間がかかる。

おわかりのとおり、オーブンの発熱体から庫内の中央に置いた食べ物にエネルギーが届くまでには時間がかかる。そこで、

空気中で分子がランダムにぶつかり合うのを待たず、食べ物を直接加熱できればありがたい。

じつは、それをするのが電子レンジだ。電子レンジのマイクロ波は、空気と相互作用することなく空気の中を進む。そして水分子にエネルギーを直接渡すことができる。マイクロ波が衝突すると、食べ物の中の水分子が活発に振動し、それから食べ物の中のほかの分子にぶつかってエネルギーを渡す。熱伝導がすべて食べ物の中で起きる。発熱体から空気を介して食べ物に熱を伝えるステップが完全に省けるのだ。

ところで、宇宙に送り出された特別なオーブンはどうなったか。

クッキーが焼けるまでにふつうより時間がかかり、生地が横にあまり広がらなかった。この結果はどちらも主に、無重力の環境によるものだ。通常の（対流式でない）オーブンでも、温度差によって庫内の空気はいくらか動く。ところが無重力だと、高温の空気が上へ移動しないのだ。

宇宙空間で容器に入れた水を加熱しても、やはり対流は起きない。水蒸気の泡はすべて熱源の近くにとどまる。地上の鍋の中で気泡が上がってくるのは、重力が気泡よりも水を下に引き寄せるからだ。水が下に引き寄せられると、気泡が底から押し出されて上へ向かう。無重力の宇宙空間では、水を引き寄せる力が働かない。

＊　＊　＊

加熱から冷却に目を移そう。私にとって、夏のハイライトのひとつは、暑い日にアイスクリームサンドを味わうことだ。チョコチップクッキーに挟まれたバニラアイスは、無敵の組み合

わせだ。

　アイスクリームは、遅くとも16世紀には誕生していた。冷凍庫が発明されるよりもはるかに昔だ。アイスクリームを作るには、材料の温度を0度よりもずっと低くして、半固体のクリーミーな状態にする必要がある。一般にアイスクリームはマイナス20度前後で出される。

　どうしたらそんなことができるだろう。夏の暑さの中でアイスクリームを作りたければ、温度を0度より低くしなくてはならない。冷凍庫が発明される前に、どうしてそんなことができたのだろう。

　その秘密は、氷に食塩を加えることだ。食塩水は真水よりも融点が低い。水中の食塩の働きで、水分子が互いにくっついて固体になるのが難しくなる。このため食塩水が固体になるには、通常の水よりも低温になる必要がある。このことはまた、水ではなく氷に食塩を加えた場合にも、通常より低い温度で融けることを意味する。

　氷雪の多い気候のもとで暮らしている人なら、地面の氷を融かすために食塩をまくことを知っているだろう。これも同じ理屈だ。

　アイスクリームを作るには、材料の入ったボウルを氷に浸けて、さらに氷に食塩を混ぜる。これで氷の温度が食塩水の融点まで下がる。アイスクリーム作りの目標温度であるマイナス20度付近まで下がるのだ。

　ところで、温度はどんなふうにして下がるのだろう。熱力学の法則によれば、系全体の熱は一定のはずだ。この系の中で、何の温度が上がっているのだろう。氷とアイスクリームの材料

はすべて温度が下がっている。オーブンから出したばかりのクッキーはまだ温かいが、冷たいミルクに浸したら、クッキーとミルクの両方の温度が変わる。クッキーは冷たくなり、ミルクは温まる。高エネルギーのクッキーの分子が、動きの遅いミルクの分子とぶつかって、エネルギーを渡すのだ。

しかしたとえば最初のクッキーの温度が65度でミルクが5度の場合、クッキーが5度より冷たくなることはなく、ミルクが65度より温まることもない。最終的な温度はそのあいだのどこかになるはずで、クッキーを5度より冷たくすることはできない。マイナス20度など考えるまでもない。

いったい、何がどうなっているのか。

氷を日光に当てると、表面はすぐに温まって0度に達するが、全体が融けきるまでその温度は変わらない。氷が融けていくあいだ、温度はぴったり0度にとどまるのだ。

氷が融けていくときの温度の変化を次のグラフに示す。

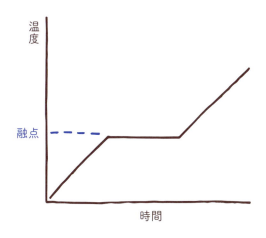

融点に達するまで、温度は上がっていく。氷が融けているあいだは、温度は変わらない。すべてが液体の水に変わると、温度は再び上がり始める。

温度は分子がどれだけ振動しているかを表す指標であることを覚えているだろうか。（必ずしも）系内に存在するエネルギーの量ではない。

氷が融点にあるとき、太陽（あるいは氷を温める別の何か）から与えられるエネルギーは分子の振動を増加させることに使われず、水分子を固体の氷から切り離して液体の水にする仕事に使われる。

水が沸騰するときにも同じことが起きる。水が完全に水蒸気に変わるまで温度は100度を保ち、それから水蒸気の温度が上がり始める。

ちなみに、これは熱湯で食べ物を調理する大きな理由のひとつだ。温度がわかっているので、たとえばパスタをゆでるのに鍋に何分間入れておけばよいかわかる。絶えず温度を調節したり、温度が上がりすぎるのを心配したりする必要がない。それ以上、温度は上がりようがないのだ。

アイスクリームの作り方を私が説明するのを待っている皆さんが、暑い日射しの中で汗をかくと涼しく感じるのも、同じ理由による。汗は体温と同じ温度だ。肌の表面で水滴から気体へと変わって蒸発するには、エネルギーを吸収する必要がある。このために肌から熱が奪われることで、涼しく感じられる。汗の温度は変わっていないが、汗の水滴を蒸発させるために肌からエネルギーが引き出されたからだ。

氷に食塩を加えると、同じようなことが起きる。氷の表面で

は、氷と食塩の混ざったものが水の融点を超えている。だから氷は融けて、そこに食塩が溶け込む。しかしそのためには、どこかから熱を奪う必要がある。それがここでは、まだ0度を保っている周囲の氷と、アイスクリームの材料なのだ。食塩の混ざった氷が融けていくにつれて温度がどんどん下がり、最終的に全体がマイナス20度（食塩水の融点）に達する。

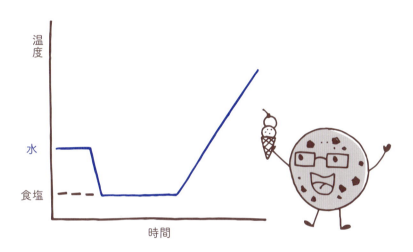

　自宅でできる楽しくておいしい科学実験として、ジッパーのついた保存袋でシンプルなアイスクリームが作れる。小さな保存袋を用意し、牛乳、砂糖、バニラを入れて密封する。次に容量4リットルくらいの大きな保存袋に氷と岩塩を入れ、その中に先ほどの小さな袋を入れて、外側の袋を密封する。

　袋を5分ほどシェイクすれば、アイスクリームのできあがりだ。これをやるときには、袋を新聞紙で包むか、手袋をはめるほうがよい。氷と食塩の働きで、袋があっというまにとても冷たくなるのだ。完成したら、温度はエネルギーとイコールでは

ないということを思い出しながら、おいしいアイスクリームを味わおう。

19世紀、科学者はエネルギーと熱について、そして「熱力学」（まさに「熱の力」の学問だ）について、多大な時間を研究に費やしていた。そして知識を3つの「法則」へと煮詰めていった。

熱力学の第1法則によると、閉じた系のエネルギーは保存される。

第2章で述べたとおり、エネルギーを別の形態に変換することはできるが、新たに作り出したり消失させたりすることはできない。これはおかしな話ではないか？　私たちは四六時中、エネルギーを生み出しているではないか。ここで大事なのは「閉じた系」という言葉だ。たとえば、私たちの体は閉じた系ではない。体という系にエネルギーを取り込むために、食べたり呼吸したりする必要がある。地球も太陽からのエネルギーが絶えず降り注いでいるので、閉じた系ではない。

熱力学の第2法則によれば、エネルギーを使って仕事をすると、その一部は必ず無駄になって失われる。何かを動かすのに使ったエネルギーをすべて回収して再利用することはできないのだ。この無駄になったエネルギーは「エントロピー」と呼ばれる。第2法則によると、人が何かをするたびにエントロピーは必ず増加する。こうしてエネルギーがどんどん無駄になる。

熱力学の第3法則は、原子の振動が完全に停止する「絶対零度」が存在すると述べている。

ここで第2法則に戻ろう。この法則から生じる帰結のひとつは、「時間の矢」が生まれることである。エントロピーは常に

増加する。しかし、物体の運動に関するニュートンの法則（およびニュートンの法則からおよそ230年後に発表されたアインシュタインの法則）には「時間の矢」が存在しない。これらの方程式では、時間の流れを逆にしても、すべてが同じように働く。物体は互いにぶつかってはね返り、惑星は太陽のまわりを回り続ける。

温度は原子の振動によって生じる。それならば、その振動の向きを逆にして、エントロピーを解消することはできないだろうか。

また、第1法則（エネルギーを作り出すことや消失させることはできない）と第2法則は、互いに矛盾するように感じられる。消失させることができず、完全に回収することもできないなら、エネルギーはどこへ行くのだろう。

ニュートンの法則が間違っているのか、それとも何か別のことが起きているのか。

この疑問に挑むには、ベーキングからミキシング（材料の混合）へ進む必要がある。

第11章

エントロピーを
ミキシングで
説明する

　私たちのチョコチップクッキーのレシピでは、最初に小麦粉、食塩、重曹を混ぜ合わせることになっている。これらの材料自体には、何の変化も起きない。ボウルの中をよく見れば、各材料の粒が確認できる。

　しかしその一方で、重大な変化も起きている。理論上は、混ざり合った材料をより分けて、小麦粉の山、食塩の山、重曹の山に戻すことは可能だ。しかし実際には難しく、莫大なエネルギーを要するだろう。材料を混ぜ合わせるのは、現実的には一方向のプロセスなのだ。

　ニュートンやアインシュタインによる運動の法則で重要な点のひとつは、時間がふつうに進んでも逆戻りしても法則に変化は生じないという点だ。太陽のまわりを公転する惑星の動画を

逆再生しても、時間の流れが逆になっていることには気づかないだろう。

ところが粉状の材料を混ぜ合わせるという単純な例は、別の真実を示す。「時間の矢」が存在するということだ。この矢についての説明を通じて、科学はいくつかの深遠で興味深い場所にたどり着いた。

＊ ＊ ＊

物事を理解するのを助けるために、科学者は好んで単純なモデルを作る。ここでは、モデルとしてクッキーを使おう。今回はフロストの塗られたクッキーだ。

どのクッキーも、フロストの塗られた面が裏か表かという2つの状態のいずれかである。最初はすべてのクッキーを表にしよう。

これはきわめて整然とした状態で、ボウルに小麦粉と砂糖とその他の乾燥した材料すべてを入れたばかりの状態に相当する。材料はすべて種類ごとにまとまっている。これはすべてのクッキーが表を向いているようなものだ。

材料の混合をシミュレートするために、ゲームをしよう。クッキーをランダムに1枚選んで裏返す。フロスト面が表なら、ひっくり返してフロスト面を裏にする。フロスト面が裏なら、フロスト面を表にする。

これを何度も繰り返していく。

最初はすべてのクッキーが表なので、ランダムに選ぶ1枚目は必ず表を向いている。だから1回目が終わったときには、1枚だけが裏で、あとはすべて表だ。次の回では、別の1枚が選ばれて裏になる可能性が高い。しかし、最初に選んだのと同じ

クッキーをもう一度ひっくり返して表にする可能性もゼロではない。いずれにしても、何度もクッキーをひっくり返していくうちにだんだんと、およそ半数が表で半数が裏になっていく。

　クッキーをひっくり返すのは、材料を混ぜ合わせるのと似ている。最初の秩序が失われるのだ。

　クッキーが10枚あるとしよう。そして100回ひっくり返す。どうなるだろう。私はシミュレーションをしてみた。その結果がこれだ。

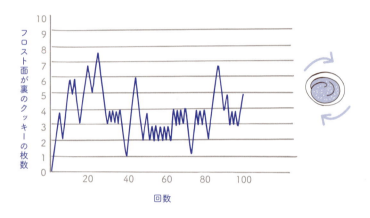

　この実験を繰り返すと、毎回違う曲線が現れるが、だいたい同じパターンに従う。1回目は「1」になる（1枚目をひっくり返したときには、必ず1枚だけ裏になるので）。それから曲線は急角度で上昇し、およそ半数が表で半数が裏になる。この状態に達すると、その後は上下に行き来するが、おおむね半々の状態にとどまる。ときには裏の枚数が極端に増えたり、逆に1枚や2枚まで減ったりすることもあるが、通常はほぼ半々の状態が続く。

　今度はクッキーを100枚に増やし、ひっくり返す回数を1000

回に増やそう。どんな曲線が現れるだろうか。

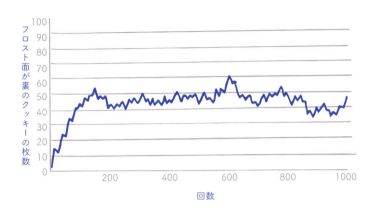

　先ほどと似ている。まず急激に上昇し、それから安定する。しかし表と裏が半々の状態に達したあとは、先ほどの曲線よりもはるかに変動が少ない。裏の枚数は最低で34枚、最高で60枚だ。

　今度はさらに10倍に増やしてみよう。クッキー1000枚だ。グラフは次のとおり。

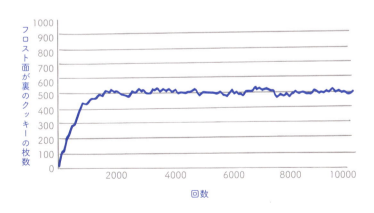

　同じことが起きている。ただし先ほどよりも、もっとはっき

りしている。50パーセントまで急上昇してからは、先ほどより
さらに狭い範囲にとどまっていて、その範囲は470枚から530枚
のあいだとなっている。

　この無秩序な状態から、最初のゼロの状態、すなわちすべて
のクッキーのフロスト面が表を向いた状態に戻ることはあり得
るのか？　イエス。

　それは実際に起こりそうか？　ノー。

　クッキーが10枚なら、そこそこの可能性はある。250回に1
回は起きるはずだ。

　しかしクッキーが100枚になると、裏返すべき「正しい」ク
ッキー50枚を裏返してすべてを表にできる確率は10^{29}分の1だ。
クッキーを1秒に1回ずつひっくり返しても、3×10^{21}年ほどか
かる。これは宇宙の年齢のおよそ2000億倍にあたる。つまり…
…ものすごく長い時間だ。

　クッキーが1000枚だとどのくらいかかるか、私の計算機は計
算を拒否したが、確率はおそらく10^{200}分の1あたりだろう——
とにかくじつに大きな数だ。

　小麦粉、食塩、重曹をボウルに入れたら、この数字はなおさ
ら驚異的なものになる。クッキーという「粒」が1000個、ある
いは100個だけでも、莫大な数になった。小麦粉、食塩、重曹
の粒は、全部でいくつボウルに入っているのだろうか。1000個
とはまったく比較にならないほどたくさんだ。だからこれを混
ぜ合わせたら、平均レベルの無秩序状態となる組み合わせは無
数にあり、そのなかで食塩の粒がすべて一カ所に集まるのはご
くわずかにすぎない。

　では、材料をよく混ぜ合わせたあとで、食塩の粒がすべて一

カ所に集まる可能性はあるだろうか。答えはイエスだ。しかし、その確率はおそろしく低い。クッキー100枚をひっくり返したときでさえ、最初の状態に戻るまでには3×10^{21}年間もひっくり返し続ける必要があった。だから材料の混ざったボウルでは、それよりもはるかに長い、気の遠くなるような時間がかかるのだ。

＊ ＊ ＊

本章の初めのほうで提示した謎の正体がこれだ。熱力学の法則によれば、系はだんだんと無秩序になっていく。しかしニュートンの法則によれば、どんな運動も逆転させることができる。ビリヤード台に載っている球がすべてしかるべき方向へ転がれば、もとのラックに戻って整列するだろう。小麦粉と重曹と食塩をしかるべき方法でかき混ぜたら、もとどおりに分離する。しかしもう一度言うが、それが実際に起きる可能性は想像を絶するほど低い。

熱力学の第2法則は、じつは鉄壁の法則ではない。これは確率にもとづいている。エントロピーが増加するのは、増加する確率のほうがはるかに高いからだ。減少する可能性もあるが、その確率はきわめて低いので、実際に減少するとは考えられない。

クッキーをひっくり返すゲームのところで示したグラフを改めて見てみよう。そして、クッキーの枚数が10枚から100枚、1000枚へと増えると「波」がどれほど小さくなるか、もう一度確かめてほしい。

この世界で私たちが扱う物体や、惑星や恒星は、すべて天文学的な多数の粒子でできている。ティースプーン1杯の食塩は

およそ1万粒で、NaCl分子が10^{22}個ほど含まれている。つまりそれらのランダムなふるまいには、実質的に「波」は起こらないだろう。背後にランダム性があることに変わりはないが、粒子の数が莫大なので、波がならされて平らになってしまうのだ。

　ミルクとクッキーを扱った第5章に話は戻るが、個々の分子は量子力学の奇妙な規則に従うことができるのに、ティースプーン1杯の食塩が完璧に秩序を保っているのはこのためだ。

　熱力学の第2法則によれば、エネルギーが追加されない閉じた系では、エントロピーは常に増加する。しかしエネルギーが加われば、エントロピーを減少させることができる。これについては、前章の鍋で湯を沸かすところで見た。対流によって、水が鍋の底から水面付近に上昇する。そこで冷めて再び底に戻ることで、サイクルができあがる。鍋の中の整然とした運動は、ただ鍋に入っているだけの水よりもエントロピーが低い。つまり秩序立っている。分子がこうした対流を発生させるように整然と配置されるパターンのほうが少ないので、エントロピーが低くなるのだ。

　このことは第2法則に反しない。というのは、ここでは系全体を見て判断する必要があるからだ。天然ガスを燃やしてその火で鍋を温めれば、エントロピーが増加する。そしてこのエントロピーの増加は、水の中で生じるエントロピーの減少より大きい。だから系全体（水と火）では、エントロピーは増加している。

　地球は毎時およそ17万3000テラワット時のエネルギーを受け取っている。これは人類全体が1年間に使うエネルギーにおよそ等しい。つまり莫大なエネルギーだ。

このエネルギーの多くは、放射されて宇宙へ戻っていく。一部は大気に吸収されて、気象パターンを生み出す。たとえばジェット気流や暴風雨、季節風など、対流による現象だ。これらのいずれにおいても、地球が受け取ったエネルギーを使ってエントロピーを減少させている。気象とは、静止している大気の中で分子がランダムに動き回る状態と比べて秩序の度合いが高い系である。

しかし地球には、エントロピーを減少させる系として私たちの知っている最もすぐれたものが存在する。生命だ。生命とは、無秩序に対する絶え間ない闘いである。太陽からのエネルギー（そして地球内部からのいくらかのエネルギー）のおかげで、生物はカオスに抗い、秩序を保ち、成長し、繁殖することができる。

生命とは、ある意味でハリケーンに似ている。太陽からエネルギーをもらって、渦巻くパターンを形成して維持するのだ。といっても、私たちはハリケーンよりもはるかに複雑で美しいパターンだ。

生命とは、地球の表面を覆う薄い層であり、太陽から与えられるエネルギーを使って千変万化の形態や機能を生み出す。視野を広げて地球を見つめ、太陽からのエネルギーで脈動するひとつの系としてとらえれば、魔法のような視野が得られる。

第12章
カオスをバニラで説明する

　原因と結果を結びつけて未来を予想することは、科学の重要な役割だ。しかしバニラはそれが時としてどれほど難しいかを明らかにし、科学が宇宙について教えてくれることを示してくれる。

　アフリカのマダガスカルという国は、世界最大のバニラ生産量を誇るが、これはひとえに、ある賢い12歳の奴隷の少年のおかげだ。小さなことが大きな結果をもたらすこともある。

　バニラビーンズは、中南米原産のラン科の植物から採れる。ヨーロッパ人がアステカ族の土地を征服して植民地化した際に、よその大陸へ伝えられた。しかし同じくアメリカ大陸発祥のチョコレートとは違い、バニラが世界中で人気を集めるまでには、はるかに長い年月がかかった。ヨーロッパでバニラが飲み物の

チョコレートに加えられるようになり、イングランドのエリザベス1世のお気に入りとなり、フランスで高級食材となったのは、18世紀に入ってからだった。トマス・ジェファーソンはフランスに滞在していた際に初めてそれを口にし、バニラアイスクリームのレシピを手書きで記してヴァージニアに持ち帰った。

　人気が爆発すると、価格も高騰した。バニラビーンズの生産は一筋縄ではいかないからだ。花は咲いてから24時間後には枯れてしまう。受粉できる花粉媒介者は限られている。

　19世紀には、バニラの最大生産国はメキシコだった。ひと儲けを狙う植物学者たちは、バニラをよその地域に移植しようとこぞって試みた。しかしよそでは、自然受粉が起きなかった。受粉を担うはずのハチの種類が違ったのだ。人工授粉は労力と時間を要した。

　ここで12歳の奴隷、エドモン・アルビウスが登場する。エドモンは、南インド洋上のマダガスカルの東に位置するレユニオン島で暮らしていた。フランスからの入植者が1820年代にバニラをこの地に持ち込んだが、1841年になってもまだバニラビーンズの生産は軌道に乗っていなかった。

　ある日、エドモンはスイカの人工授粉について習ったことを慎重にバニラの花で試してみた。すると、バニラの花では、めしべの受粉部位が「小嘴」と呼ばれる蓋状のパーツの下で保護されていることがわかった。そこで、細い棒を使って親指で軽くはじくだけで、小嘴をすばやく確実に持ち上げて授粉する方法を考え出した（次ページ図）。

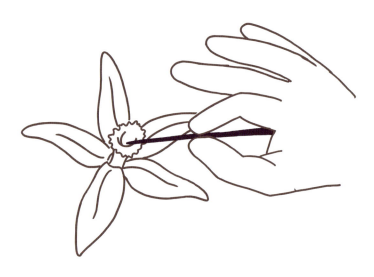

　農園主のフェレオル・ベリエ＝ボモンの前でこの方法をやって見せると、彼は驚嘆した。そしてエドモンにこの方法をほかの奴隷にも教えさせ、島内のよその農園でも実演させた。バニラの生産量は飛躍的に増え、10年も経たないうちにレユニオン島は世界最大のバニラ生産地となった。ベリエ＝ボモンはエドモンに自由の身分を与えたが、エドモンは自らの発見から金銭的な利益をいっさい得ることができず、貧窮のうちに亡くなった。1980年にようやく、その功績を称えて像が建てられた。

　エドモン・アルビウスがその後200年近くにわたってレユニオン島の経済を決定づけることになるとは、誰にも予想できなかった。とはいえ、科学の目標のひとつは、系のモデルを構築して、それによって予測を可能にすることだ。恒星、惑星、月の現在の位置と速度がわかれば、将来のそれらの位置をきわめて正確に特定できる。といっても、人類の歴史の行方を予想するのと比べたら、こんなのはごく単純な系だ（それでももちろ

ん歴史の専門家たちはあきらめることなく、予想に挑み続けているが)。これら2つの極端な例のあいだには、流体の流れや銀河形成といった系があり、これらについてはコンピューターで部分的にシミュレーションできる。コンピューターの性能が向上するにつれて、こうした系を探索する能力は精度を増してきた。

　複雑化する系における原因と結果の関係について調べることによって、私たちは自分たちに予測できる範囲には限界があることに気づかされた。

　発端となったのは気象だった。コンピューターが開発されて、いち早く行なわれた研究のひとつが、大気のモデルを構築して気象をもっと高い精度で予測する試みだった。人工衛星からそのためのモデルに大量のデータが送られてくるようになり、研究は飛躍的に進展した。

　モデルは時間とともにどんどん改良され、今ではかなり正確な天気予報が可能になった。気象学者は翌日か翌々日についてならとても正確に予測できるし、5日後くらいまででもかなりよく予測できている。しかし7日後から10日後となると、いささかおぼつかなくなってくる。それはなぜなのだろう。

　コンピューターモデルは現在の大気の状態に関するデータを取り込み、計算によって未来に起きることを予測する。時間単位に分けてデータ処理を行ない、最も高度なモデルでは1時間単位で処理している。

　つまり、午前10時のデータを入力した場合、コンピューターは午前11時の大気のようすを特定する。次に午前11時のデータがモデルに入力されると、正午の状況を特定する、といった具

合だ。

　各ステップで情報を読み込み、処理し、出力した情報を再び
読み込む。これらのステップごとに、誤差が少しずつ入り込む。
ステップを進めていくにつれて、誤差が誤差を生んで拡大する。
その結果、ステップの数が多く、シミュレートしている日時が
遠い先であるほど、モデルの精度は下がっていく。

　このせいで、初期データがわずかに変化するだけでも、モデ
ルからの出力が大きく変化する可能性がある。コンピューター
モデルのこのような感受性に最初に気づいたのが、エドワード
・ローレンツだった。1961年、彼は気象パターンのシミュレー
ションをしており、コンピューターで時間ステップごとにすべ
てのデータをプリントアウトしていた。あるシミュレーション
を再試行したいと考えたが、最初からやり直すのではなく、途
中からやることにした。当時のコンピューターは動作が遅く、
コンピューターを使える時間は貴重だったからだ。そこで彼は
すでにプリントアウトしたデータのうち、ある時間ステップで
得られたものをモデルに再入力した。

　最初、結果はもとのモデルに近かった。しかし時間ステップ
が進むにつれて、予測はどんどん違ったものになっていった。
ローレンツは何度も確かめたすえに、コンピューター内のデー
タが小数点以下6桁まで追跡されていることに気づいた。一方、
プリントアウトしたデータでは小数点以下3桁までだった。つ
まり、コンピューターの中では0.732319だった数字が、プリン
トアウトでは0.732となっていたのだ。モデルに再入力した際
に0.732としたことによって、最終的にまったく違った結果が
出たというわけだ。

ローレンツは、初期状態のわずかな変化がのちに膨大な変化につながり得ることを発見した。彼は大きな反響を呼んだ論文で、その結果についてこう述べている。

「……この理論が正しいなら、カモメが翼を1回はばたかせただけでも、気象の進展をその先ずっと変えるのに十分なはずである。議論はまだ決着していないが、最新のエビデンスはカモメを支持していると思われる」

のちに彼は周囲から勧められて、カモメをチョウに変更した。1952年に刊行されたレイ・ブラッドベリの有名な短篇小説「雷のような音」に影響を受けていたのかもしれない。この作品では、タイムトラベルをした恐竜ハンターがうっかりチョウを踏みつけてしまい、その結果として未来の歴史が変わってしまうのだ。いずれにせよ、このチョウへの変更が定着し、今では「小さな変化が大きなインパクトをもたらし得る」という概念を表す「バタフライエフェクト」として広く知られるようになった。

ローレンツの研究から、数学に「カオス理論」という新しい分野が生まれた。

「カオス」という言葉は、ここではきわめて特殊な意味で使われている。ふつうはカオスと言えば、完全に制御不可能で予測もできないものを指す。

ところが数学においてカオスとは、系が時間とともにどのように展開するかを説明する規則が完全にわかっていて、計算可能だということを意味する。計算可能だとはいえ、初期条件がほんの少し違うだけで、結果は大きく変化する。そして初期条件を100パーセント知ることはできないので、結果を予測することもできない。

この種のカオスには、ランダム性は存在しない。理論上は予測可能だが、現実的には予測できない。ルーレットの回転は、決定論的カオスの一例だ。ボールにかかっている力、ルーレット盤の表面全体の細かい形状などが正確にわかっていれば、ニュートンの方程式を使ってボールの軌道と最終的にボールの落ちる場所を正確に特定できる。しかし、これらの入力のどれかひとつでもほんの少し違えば、ボールの軌道は著しく変わる。たとえば、一粒のほこりがルーレットの盤上に落ちてきたら、そのせいでボールの速度が下がり、突起にぶつかる角度が少し変わるかもしれない。そして、誤差がしだいに大きくなっていく。この現象は、まさに気象モデルで見られるのと同じだ。

科学者の考えでは、カオスには次の2つの特徴がある。

＊**決定論的**——初期条件を変えずに同じ手順を繰り返せば、同じ結果にたどり着く。
＊**予測不可能**——初期条件が少しでも変化すると、最終状態が大きく変化する。そして未来にどんなことが起きるかを予測するのは難しい場合が多い。

このふたつは両立しないように感じられるが、現実世界で遭

遇する多くのもの、もしかしたらほとんどのものが、じつはこうふるまう。

ローレンツは自ら、カオスを見事に実証するシンプルな装置を作った。この装置のおかげで、第1章で登場した旧友「小麦粉」にここでまた登場してもらうことができる。流れる水の力で小麦の穀粒をひいて粉にする水力製粉機は、何千年ものあいだ広く使われてきた。

ローレンツは水車を作り、車を取り囲むようにバケツを取り付けた。ただし、バケツには穴を開け、水が少しずつ流れ出るようにした（次ページ図）。

一番上のバケツの上に位置する注水管の栓を開くと、水車が回り始める。バケツが水でいっぱいになったり空っぽになったりするのに合わせて、水車は速度を上げたり下げたり、さらには逆回転を始めたりする。すべてはランダムな動きに見える。ローレンツはバケツの位置を記録したが、未来の動きを予測するのに役立つような規則性はまったく見られなかった。この様式の水車は眺めているだけでもおもしろく、噴水や彫刻として設置されているものもある。「ローレンツの水車」の動画をインターネットで検索するのも、楽しい時間の過ごし方だ。

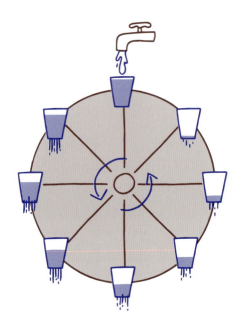

　ローレンツの水車や気象系について計算するのは、明らかに手ごわい。大気は巨大で複雑だし、バケツを取り付けた水車でさえ、考慮すべき変数がたくさんある。たとえば、水がバケツに当たる角度や、水がバケツから流れ出る速度など、さまざまな要素を考えなくてはならない。だからある意味で、これらの系がカオス的であるのは、さほど驚くべきことではない。

　しかし単純な系でも、カオス的になることがある。

　たとえば数を1つ選ぼう。それから次の計算をする。

> ＊奇数なら3倍して1を足す。
> ＊偶数なら2で割る。

　この結果に対して同じルールを繰り返す。さらに何度も繰り

返すとどうなるか、見てみよう。

たとえば最初の数を7とする。

奇数なので、3倍して1を足す。

$$7 \times 3 = 21, \ 21 + 1 = 22$$

22は偶数なので、2で割る。

$$\rightarrow 11$$

11はルールに従って34になる。さらに計算を続けてみよう。

$$7 \rightarrow 22 \rightarrow 11 \rightarrow 34 \rightarrow 17 \rightarrow 52 \rightarrow 26 \rightarrow 13 \rightarrow 40$$
$$\rightarrow 20 \rightarrow 10 \rightarrow 5 \rightarrow 16 \rightarrow 8 \rightarrow 4 \rightarrow 2 \rightarrow 1$$

1から4に戻り、その後は4→2→1のループを無限に繰り返す。

いくつかの数でこのゲームをやってみてほしい。どんな数で始めても、最後は1にたどり着くことがわかる。通常、数は大きくなったり小さくなったりを繰り返す。このように上下に跳びはねるような動きから、数学者はこれを「雹の数列」と呼ぶ。嵐の中で、雹が地面に落ちるまで上下に跳びはねるようすに似ているからだ。

7から始めると、16ステップで1にたどり着く。そのあいだに現れる最大の数は52だ。

27から始めると、1にたどり着くまでは111ステップ（！）

で、最大の数はなんと9232になる。一方、28か29から始めると、わずか18ステップで1にたどり着く。29から始めた場合、最大の数は88だ。

ここですぐさま2つの疑問が頭に浮かぶ。

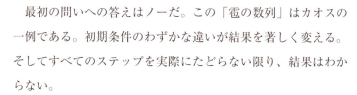

1. 任意の数について、数列の長さと最大数を予測する方法はあるのか。
2. どんな数で始めても、最後は必ず1になるのか。

最初の問いへの答えはノーだ。この「雹の数列」はカオスの一例である。初期条件のわずかな違いが結果を著しく変える。そしてすべてのステップを実際にたどらない限り、結果はわからない。

あとの問いへの答えは──「わからない」だ。この問いは、数学の分野で「コラッツ予想」と呼ばれる有名な未解決の問題であり、数学者たちはこれを証明または反証しようと長らく試みているが、成功に至っていない。とにかくわからないのだ。

数段落前に「いくつかの数でこのゲームをやってみてほしい。どんな数で始めても、最後は1にたどり着く」と書かれていたのを覚えているだろうか。コラッツ予想の証明ができていないのに、私はなぜ1に戻ると知っていたのか。厳密に言えば、知っていたわけではない。しかし、2^{68}までのすべての数で確かめられている。これはじつに大きな数だ。正確には次の数である。

295,147,905,179,352,825,856

　これより大きな数から始めて1にたどり着かなかったら、お
めでとう！　有名人の仲間入りだ！

　シンプルなルールからでも、カオス的な結果が生じることは
十分にあり得る。そしてカオス理論は、知ることも予測するこ
ともできないものが存在することをはっきりと示している。カ
オス的な系の秘密を解き明かすには、実際にそのふるまいを観
察するしかない。さらにこの上に量子系の真のランダム性（第
5章で扱った）を重ねると、未来にどんなことが起きるかを正
確に知ることは決してできないと言える。

　しかし、そのような不確実性が、人生にまたとないおもしろ
さを与えてくれる。それどころか、バニラと12歳の少年が歴史
の流れを変えることさえ可能にするのだ。

第13章

複雑性をクッキーの抜き型で説明する

　休日に焼くクッキーで、とりわけ子どもと一緒に焼く場合に最も一般的なのは、おそらくシンプルなシュガークッキーだろう。生地をのばし、抜き型で好きな形に抜く。

　皆さんが私と似た趣味の持ち主なら——そうでないことを望むが——抜き型を使うときにちょっとしたゲームをしたくなるだろう。生地1枚からクッキーを何枚取れるか。生地の無駄をなるべく少なくして抜き型で抜くにはどうしたらよいか。

　もちろん、残った生地をまとめてもう一度のばせば、さらにクッキーが作れる。しかしここでは、それは考えに入れないでおこう。最も効率よく生地からクッキーを取れる、ベストな方

法を突き止めるのは、どのくらい簡単なのだろうか。

じつは、この問題については数学者が研究している。そして難しいということがわかっている。ものすごく難しいらしい。単純な形でも手ごわいそうだ。

たとえば正方形はどうだろう。一辺2.5センチの正方形のクッキーができる抜き型があって、それを使って一定の枚数のクッキーを作るとしよう。正方形の生地を使う場合、最小でどのくらいの大きさの生地を用意すれば、その枚数のクッキーができるだろうか。

作りたい枚数が4枚なら、答えは簡単だ。一辺が5センチの正方形の生地を用意すれば、一辺が2.5センチの正方形がぴったり4枚取れて、生地はいっさい無駄にならない。クッキーを5枚作る場合には、1枚を45度傾けてひし形のようにして、真ん中から取る。この中心のひし形の辺に1つの頂点が接するように、ほかの4枚の正方形を四隅に配置する。生地の各辺はおよそ6.9センチだ。

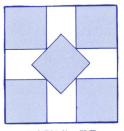

正方形5枚の配置

ここまでは順調だ。しかしここからは、ものすごい勢いでとんでもなく難しくなる。たとえば11枚の場合、今までに見つかっているベストの配置は突拍子もなく見える。すべての正方形が妙な角度で置かれ、なかには

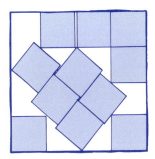

正方形11枚の配置

ほかの正方形の頂点が入り込めるように、隣の正方形とのあいだに細い隙間があいているところもある。しかもこれでさえ、本当にベストなのかはわからない。

　正方形をわずかにずらしたり傾けたりもできるので、コンピューターでこの問題を解くのはほぼ不可能だ。こんなにシンプルで容易に理解できる問題が、解くとなるとこれほど難しいとは、まさに驚きだ。

　このクッキー抜き型問題のように、挑戦が続いている有名な問題はたくさんある。もうひとつ紹介しよう。

　私のクッキーショップへようこそ！　当店ではいろいろなクッキーを売っている。あなたは筋金入りのクッキー愛好家で、すべてのクッキーにおいしさのスコアをつけている。クッキーには値段もついている。閉店時刻が迫り、店は大繁盛しているので、クッキーは各種類が1枚ずつしか残っていない。

　当店で売っているクッキーと、あなたがつけたおいしさのスコアを次のページに示す。

品目	値段	おいしさ
ショートブレッド	$1.00	50
スニッカードゥードル	$1.25	52
ブラック＆ホワイト	$1.50	59
シュガー	$1.75	60
マカルーン	$1.75	61
ダブルチョコ	$2.00	62
クリンクル	$2.00	65
ジャムクッキー	$2.25	67
チョコチップ	$2.50	70
ピーナッツバター	$2.75	71
オートミールレーズン	$3.00	76

クッキー代として3ドルをもっている場合、おいしさのスコアの合計を最大にするには、どれを買えばよいだろう。自分な

142 ★ 第13章　複雑性をクッキーの抜き型で説明する

らどうするか、ちょっと考えてみてほしい。

　問題はきわめて単純だ。クッキーを1枚買うなら、おいしさのスコアが76のオートミールレーズンがいい。2枚買うなら、1ドルのショートブレッドと2ドルのクリンクルがベストの組み合わせだとすぐにわかる。おいしさスコアの合計は115だ（ショートブレッドが50、クリンクルが65）。

　4ドルあったらどうだろう。その場合はどんな組み合わせがベストなのか。クッキーはどれも1枚しか残っていないことを忘れてはいけない。ショートブレッドとオートミールレーズンの組み合わせなら、合計スコアは126になる。だが、もっとよい組み合わせはないだろうか。じつはある。しかし、その答えは自分で考えてもらいたい。

　金額を3ドルから4ドルに増やすだけで、買えるクッキーの組み合わせの数が増え、問題が一気に難しくなるのがわかったと思う。さらに金額を20ドルまで上げたらどうなるだろう。あるいはクッキーを20種類に増やしたらどうか。

　この種の問題にありがちだが、誰かが答えの候補を教えてきたら、それが有効な答えかどうかはすぐにわかるが、最良の答えかどうかは容易にはわからない。たとえばこのクッキーショップの問題では、選んだクッキーの合計金額が20ドル以下かどうかは簡単にわかる。しかし最もおいしい組み合わせかと言われたら、それに答えるのははるかに難しい。同様にクッキー抜き型問題でも、生地に一辺2.5センチの正方形が適切な個数だけ収まっているかは簡単にわかるが、それがベストの方法かどうかを明らかにするのは難しい。

　クッキーが片手で数えられるくらいの数を超えると、候補と

して考えるべき組み合わせの数が爆発的に増える。何十万もの組み合わせについて考える必要が生じるのだ。

一方、名前のリストをアルファベット順に並べ替えるような問題では、名前の数が増えても爆発的に難しくなることはない。もちろん名前が増えれば並べ替えは難しくなるが、難しさはゆるやかに上昇するだけだ。

クッキーショップの問題は、一般的には「ナップサック問題」の名で知られている。この問題では通常、ナップサックに詰める品物を選ぶ状況が用いられるからだ。詰めるものの価値の合計が最大になるようにしながら、ナップサックに収まる量を超えてはならない。このタイプの問題は「NP完全問題」と呼ばれる。これは基本的に、解が正しいかどうかを判断するのは簡単だが、最良の解を見つけるのは非常に難しい、という問題だ。別の例として、山歩きをしていて、その一帯で最も標高の低い地点を見つけたいとしよう。そのために「常に下り斜面を進む」という方針を試みるかもしれない。その場合、これ以上は下れないという地点にやがて到達し、そこが最も低い地点だと判断するだろう。しかし実際には、その判断が正しいとは限らない。その付近では最も低いかもしれないが、どこか別の場所にもっと低い地点が存在する可能性もある。本当に一番低い地点だと確信するには、あらゆる場所を調べるしかないのだ。

複雑性とカオスの関係は明白だ。前章で試した「竃の数列」のようにカオス的なプロセスでは、何ステップで結果が出るかを求める一般的な近道はない。一歩ずつ計算を進めていくしかないのだ。

こうした複雑な問題は、インターネットのセキュリティーや

暗号化の基盤となっている。解くのに時間のかかるパズルを利用しているのだ。たとえば、オンラインでクッキーを買うときにクレジットカードの情報を入力したら、その情報は誰かに通信を傍受されてもカード番号が読み取られることのない形で送信される必要がある。そのため、番号は変換されて「暗号化」された形式で送信される。

＊＊＊

インターネット上で暗号化のために利用されるパズルのほとんどは、クッキーを並べる問題と言い表すことができる。そのパズルはこんな形をとる。

「クッキーが7493枚ある。これをすべて並べて、各辺がクッキー2枚以上からなる長方形を作ることができるか」。もちろん、クッキーの枚数は固定しておらず、毎回変わる。7493枚というのはただの一例だ。

たとえばクッキーが21枚なら、こう並べればいい。

しかし23枚だと、長方形にはできない。6×4枚の長方形にしたら1枚足りないし、2×11枚だと1枚余ってしまう。

長方形に並べられない場合、そのときのクッキーの枚数は「素数」だ。長方形が作れるなら、クッキーの枚数は「合成

数」と呼ばれる数だ。複数の長方形が作れる場合もある。たとえばクッキーが24枚あれば、2×12枚、3×8枚、4×6枚の長方形ができる。一方、25枚のときにできるのは、5×5枚だけだ。各辺のクッキーの枚数は、クッキーの総数の「因数」と呼ばれる。つまり、2、12、3、8、4、6はすべて24の因数だが、25の因数は5だけである。

作れる長方形が1種類しか存在しない場合、手元のクッキーの枚数が素数かどうかを見分けるのはもっと難しくなる。インターネット上のセキュリティーや暗号化は、この性質を利用している。素数ではないが因数は2つだけだとわかっている非常に大きな数をコンピューターに生成させ、これでセキュリティーを確保するのだ。

情報の受信側のコンピューターでは、長方形の一辺の長さ（一方の因数）がわかっているので、もうひとつの因数は容易に計算できる。これは送信側のコンピューターが隠そうとしている秘密の数字だ。ところが第三者がこの通信を傍受した場合には、クッキーを長方形に並べる方法を突き止めるのに膨大な時間がかかる。

たとえば、7493枚のクッキーが127×59枚の長方形に並べられるということは簡単にはわからないかもしれない。しかし一辺が59枚だとわかっていたら、他辺が127枚だということはたやすくわかるはずだ。

この説明は暗号化とセキュリティーをやや単純化しすぎているが、おおまかな仕組みはこれで理解できるだろう。

大事なのは、インターネット上のセキュリティーにおいて、ものすごくたくさんのクッキーをたやすく長方形に並べる方法

が誰にもわからないようにすることがきわめて重要だということだ。このような複雑な問題がすぐさま解けてしまったら、大変なことになる。

　しかし困ったことに、研究者は解く方法を見出している。少なくとも理論上は解ける方法だ。それには「量子コンピューター」を使う。

＊＊＊

　コンピューターの基本単位は「ビット」だ。これは1か0のいずれかの値をとる。一方、量子コンピューターの基本単位は「量子ビット」である。従来のビットとは違い、量子ビットは1か0かという1つの値だけをとるのではない。量子ビットは量子の世界のものなので、1か0かの確率をもつ。第5章で、量子力学の法則のもとでは粒子が単一の明確な位置をもつことはないという話をしたのを覚えているだろうか。粒子は特定の位置に存在する「確率」で表される。同様に、量子ビットも確率である。ただし実際に観測すると、必ず0か1のいずれかとなる。

　量子ビットは複数の値を表すので、ある特定の方法（「量子もつれ」と呼ばれる）で複数の量子ビットを互いに結びつけることができれば、従来のどんなコンピューターよりもはるかに高速で、非常に大きな数の因数を見つけられるということが判明している。

　しかし、量子ビットを安定して動作させるための技術的なハードルはおそろしく高い。量子効果は微小であり、粒子間の繊細な関係を維持することが非常に重要なので、量子ビットは絶対零度に近い温度に保たれ、ほかの粒子から隔離されている必

要がある。それでもなお、エラーの起きる可能性が常に存在するため、エラーを検出し修正するために追加の量子ビットを使う必要がある。その結果、システム全体の設計がはるかに複雑なものとなる。

今までのところ、量子ビットはごく単純な因数を求めるためにしか使われていない。たとえば、21＝3×7であることを示す程度のことしかできていない。明らかに、これ自体は目をみはるほどのことではないが、この理論が成り立つことを示す重要な節目となった。この分野の最先端の専門家たちは、量子コンピューターが真価を発揮し始めるまでには、あと10年から20年ほどかかると予測している。

量子ビットは驚嘆すべきもののように思われるかもしれないが、量子コンピューターが得意とするのは限られたタイプの問題だけだということを理解するべきだ。たとえば、クッキーを長方形に並べる問題とか、クッキーが各種1枚ずつしか残っていない店で買うべきクッキーを決める問題などはうまく解ける。一方、日常的な計算問題はあまり得意でない。その手の問題は、現在使われているコンピューターが非常に得意とするところだ。量子コンピューターは、特別な用途に特化した装置となるだろう。

複雑性とカオスは、クッキーの表と裏のような関係だ。このふたつがいずれも、私たちが物事を理解したり未来を予測したりする際のスピードや正確さを制限しているということが見て取れるかもしれない。カオスという複雑なクッキー（あるいは複雑性というカオス的なクッキー？）をとらえるのに、もうひとつ別の方法がある。一見シンプルなようだがよく見れば見る

148 ★ 第13章　複雑性をクッキーの抜き型で説明する

ほど複雑になっていく形状に、これらの概念を適用することだ。オートミールレーズンクッキーを使って、このフラクタルの世界を探索してみよう。

第14章

フラクタルを オートミール レーズン クッキーで 説明する

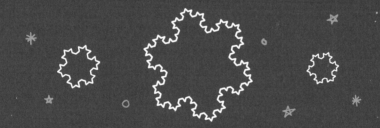

チョコチップクッキーは私にとってナンバーワンのクッキーだが、オートミールレーズンクッキーも同じくらい好きだ。食感、歯ごたえ、風味——まさにすべてが揃っている。そしてこのクッキーは、これまでの数章で扱ってきたカオス、複雑性、不確定性の話をひとつにまとめるのを助けてくれる。

150 ★ 第14章　フラクタルをオートミールレーズンクッキーで説明する

これはオートミールレーズンクッキーの絵である。

　小学校で、周長の求め方を習ったことを覚えている人もいるだろう。忘れてしまった人のために説明すると、周長とは平面の外周の長さを指す。たとえば、この長方形の周長は16（5＋3＋5＋3）である。

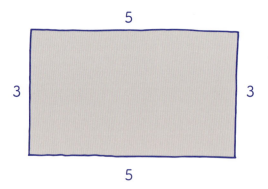

　オートミールレーズンクッキーの周長は、どうしたらわかるだろうか。
　まずは、クッキーの外周をおおまかに囲む一連の線を描いて、

その長さを測ることが考えられる。こんな感じだ。

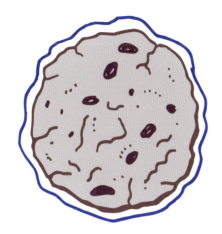

　極小の体になって、クッキーのまわりを歩くなら、この青い線をたどることになるかもしれない。
　だが、この線は明らかに不正確だ。クッキーの左上部分を拡大してみよう。遠くから見たときよりも、じつはもっと線が入り組んでいることがわかるだろう。

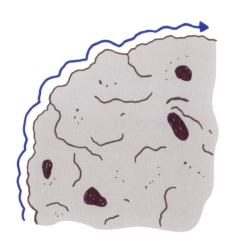

実際の外周に近づくには、線をもっと細かく描く必要がある。

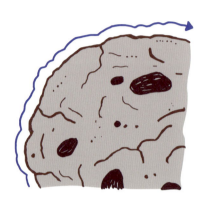

　ここで青い線の長さを測れば、外周は先ほどより長くなっている。極小の体でこの新しい外周線に沿って歩けば、一周するのにかかる時間も前より長くなるはずだ。細かいギザギザをたどるために、先ほどよりも時間がかかるからだ。
　しかしさらに拡大すると、もっと入り組んでいることがわかる。そこでさらに線を細かく描く必要がある。これによってクッキーの周長が伸び、外周に沿って歩く距離もさらに長くなる。

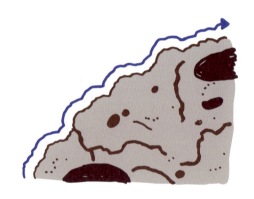

拡大していくと、外周の入り組んだギザギザがどんどん見えてくる。当然、そのギザギザは小さなものになっていく。それでも、測定可能な直線はいつまで経っても現れない。

理論上、オートミールレーズンクッキーの外周は**無限長**である。「面積」は有限だ。クッキーよりわずかに大きい円を描くことはできるので、クッキーの面積はこの円より小さいはずだということはわかる。しかし外周線は入り組んだギザギザを描き続け、周長はどんどん長くなる。

このような図形を「フラクタル」と呼ぶ。

オートミールレーズンクッキーと同様に、面積は有限だが周長は無限のきわめて単純な図形として、スウェーデンの数学者ヘルゲ・フォン・コッホが1904年に発見した「コッホ雪片」というものがある。

コッホ雪片を描くには、まず正三角形を1つ描く。各辺を3等分して真ん中の3分の1を外側に突き出す形で小さな正三角形を描く。この操作を各辺で繰り返していく。以下に最初の3ステップを示す。

操作を繰り返すにつれて、周長はどんどん長くなっていく。その延長に終わりはなく、無限に伸び続ける。一方、面積は最初の三角形の1.6倍に収束していく（次ページ図）。

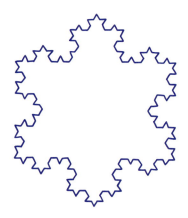

　同じ操作を何度も繰り返すというやり方は、すでに経験済みだ。気象モデルでカオスを生成したときにやっている。コンピューターはこれがとても得意なので、コンピューターの処理能力が向上するにつれて、フラクタルの研究が飛躍的に進展した。

　点が図形の内側と外側のどちらにあるのか、多くの場合は明らかだ。しかしギザギザの外周線の上にある点については、それが図形の内側か外側かを判断するのは難しい。それを明らかにするには、実際に計算を一歩ずつ進めていく必要がある。計算を最後までやり遂げない限り、正しい答えを知ることはできないのだ。

　コッホ雪片は（そしてクッキーも）「自己相似」の性質をもっている。拡大していくと、同じ図形が現れ続ける。これはフラクタルに共通の特徴であり、おそらく最も有名なフラクタルである「マンデルブロ集合」もこの特徴を備えている。この図形の名は、フラクタル幾何学の研究を開拓して広めた、ポーランド出身の数学者ブノワ・マンデルブロに由来する。

マンデルブロ集合の作り方については、ちょっと数学的になりすぎるので、ここでは深入りしない。しかしそんなに複雑ではなく、興味があればインターネット上で解説動画がたくさん見つけられる。ともあれ、できあがる図形は魅惑的だ。下の図のように外周を拡大していくと、渦やらせんの細部がどんどん展開し、マンデルブロ集合の図形そのもののミニチュア版さえ現れる。目を楽しませてくれるごちそうのようなものだ。

フラクタルは見ておもしろいだけでなく、自然を非常によく表している。基本的な図形である円や四角形よりも、自然を正確に反映する。木、稲妻、雲、山、そしてクッキーも、すべてフラクタルだ。また、フラクタルになっているシグナルもある。たとえば心拍には、フラクタル的な性質がある。心電図を拡大していくと、「ギザギザ」の形状がどんどん現れてくる。実際、フラクタル性が低下して平坦になった心拍は、心臓病のリスク増大を示す徴候とされる。

156 ★ 第14章　フラクタルをオートミールレーズンクッキーで説明する

　ここまでの数章（カオス、複雑性、そして本章ではフラクタル）は、すべて自然についての深遠な真実と私たちの限界を示している。

　科学とは、私たちの脳の中核的な機能に立ち返るものである。それは、世界で起きている事象を観測することによって、予測を立ててトラブルを避けようとする試みなのだ。

　私たちは観測し、予測し、原因と結果を結びつける。

　17世紀にニュートンが運動の法則を打ち立てたことにより、物体の運動を予測する能力が飛躍的に向上した。彼によれば、あらゆるものの現在の位置と運動速度がわかれば、どれほど遠い未来に起きることも予測できるという。この考え方は「時計仕掛けの宇宙」として知られるようになった。

　万物が宇宙の壮大なバレエを踊りながら運動しているとする「時計仕掛けの宇宙」の考え方は、18世紀から19世紀にかけてこれに合致する発見が重なるにつれて、さらに信奉されるようになっていった。電気と磁気を測定して手なずけられるようになり、これらがニュートンの運動法則と似た「マクスウェルの方程式」と呼ばれる法則に従うことが明らかになった。マクスウェルの4つの方程式は、いかなるときでも電磁場でどんなことが起きるかを正確に予測できた。光が電気と磁気のエネルギーの波であることも示した。

　原子論は元素を体系化して理解するための方法を示し、遺伝学と進化論は生物学を体系化するための原理を与えた。

　19世紀が終わるころには、科学を取り巻く構想が完成に近づいているという見方が現実的に思われた。つまり、万物の働きを説明できる法則がまもなく手に入り、それを使って堂々と優

雅に未来を予測できるようになると考えられていたのだ。

ところが20世紀に入ると、その展望は打ち砕かれた。

カオス理論が登場し、明確に定義された規則のある系においてさえ、常に未来を予測できるわけではないということを示した。

複雑性理論により、選択肢をしらみつぶしに試す以外に解決方法がない問題の存在が明らかになった。選択肢の数が爆発的に急増するせいで、現実には解決不可能になる場合もある。

フラクタルが発見されると、幾何学が奇妙であいまいなものとなり、さらに予測不可能にもなり得ることが示された。

量子力学は、私たちにわかるのはさまざまな事柄の起きる「確率」だけだということを明らかにした。たったひとつの未来を確実に予測することはできない。なぜなら、粒子の位置や相互作用を確実に知ることができないからだ。

* * *

数学や論理学も、この迫り来るカオスや複雑性から逃れることはできない。

数学の「証明」という概念は、今から2000年以上昔のユークリッドにまでさかのぼる。彼は、今日でも使われている証明方法を考案した。まず「公理」（私たちが真だと認める命題）を設定し、公理を組み合わせる際の規則を決め、公理から興味のある命題へと段階的に進んでいく方法だ。これによって命題の真偽を確かめることができ、証明または反証が可能かどうかを明らかにできる。

ユークリッドの公理には、「任意の2点間に直線を1本引くことができる」や「任意の中心と半径について円は1つだけ存

在する」といった命題が含まれる。

　証明に関するこの考え方は確固たる力をもち、ユークリッド以来、数学的発見を推進してきた。数学者たちは、適切な公理を用いれば、いかなる数学的命題についても証明か反証のいずれかが可能だと信じていた。つまり、すべての数学命題は、真か偽のいずれかの証明ができると考えていたのだ。

　ところが1931年、その妄想は打ち砕かれた。クルト・ゲーデルが、どんな数学的体系や論理的体系にも、真偽を証明できない命題が必ず存在することを（皮肉にも）証明したのだ。彼はそのような命題を「決定不能」と称した。ある命題が決定不能なのか、それとも単に証明や反証がきわめて難しいだけなのか、それを確実に知ることもできない。

　第12章で紹介した「コラッツ予想」は、決定不能命題の可能性がある一例だ。真か偽かはわからない。数学者たちは証明や反証を試みているが、成功に至っていない。だが、これは単に私たちが証明を考え出せるほど賢くないからなのか。それとも、この命題がゲーデルのいう決定不能命題だからなのだろうか。その答えはわからない。

　とはいえ、決定不能かと思われていた問題が、最終的に解決された例はある。私のお気に入りのひとつが「四色問題」だ。この問題を記述するのは簡単だ。塗り絵帳の1ページを思い浮かべる。隣接する2つの領域が同じ色にならないように塗るには、最少で何色必要か。ただし頂点だけが接している場合は「隣接」に含まず、辺が接している場合を「隣接」とする。

　3色では足りないということは、容易に示せる。たとえば次のデザインは、3色のクレヨンだけでは塗ることができない。

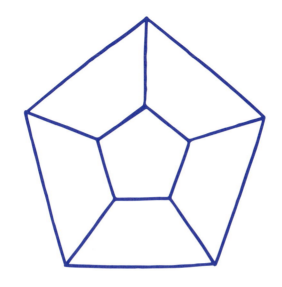

　これを塗るには4色が必要だ。しかし、どんな場合も4色で足りるのか。あるいは5色が必要となる複雑なデザインもあるのだろうか。

　わかっている限りでこの問題が最初に提案されたのは、1850年代だ。その後の数十年間にさまざまな証明が試みられたが、ことごとく失敗に終わった。

　ゲーデル以降、数学者たちはこの定理自体が決定不能なのではないかと考え始めた。じつは証明も反証も不可能なのではないか。しかし、コンピューターが証明に成功した。1976年、コンピューターを使って「クレヨン箱に4色が入っていれば十分であり、どんな地図でも隣接する2領域が同じ色にならないように塗れる」ということが証明されたのだ。もっとも、この証明にたどり着くまでには100年以上の年月がかかった。

コラッツ予想は証明可能なのか、それとも決定不能なのか。決定不能ならば、答えは永遠にわからない。私たちはそれが証明可能かもしれないと思い続けるが、確かなことはいつまでもわからない。

論理自体が、真実とはフラクタルだということを示している。真だとわかっている命題もあれば、偽だとわかっている命題もあるが、それらのあいだには境界線上にあってあいまいな命題も必ず存在する。

コッホ雪片やオートミールレーズンクッキーについては、点の座標を特定すれば、その点が明らかに境界線の内側か外側かを判断できる場合もある。しかし、点がまさに境界線上にある場合には、どれだけ拡大してもその点がどちら側にあるのかを明確に判断することはできない。

宇宙には、根源的なカオスと複雑性が存在する。すべてを知ることはできない。新たな物事を知る道のりに終わりはなく、新たな発見や解決すべき問題が常に待っている。

個人的には、このことは皿いっぱいの焼きたてのクッキーと同じくらいの安らぎを与えてくれると感じる。

第15章

太陽系外惑星を おいしそうな きつね色で 説明する

　私たちのクッキーのレシピには、「きつね色」になるまで焼くようにと書いてある。世界の楽しさのかなりの部分が色によってもたらされる。あでやかな花々、熱帯の鳥たちの美しい羽、真っ赤な夕日、そしてきつね色に焼けたチョコチップクッキー——すべての色が私たち人間に訴えかけてくる。しかし、それだけではない。色は地球以外の惑星で暮らす知的生命体を探索する際に、人類の枠を超えて視野を広げるのも助けてくれる。
　色とは何か。見方によっては色というのはきわめて単純で、ある特定のエネルギーをもつ光にすぎない。しかし色に対する人間の知覚はとても複雑だ。私たちは光の「色」を直接見るわ

けではない。眼の中にある受容体が赤、青、緑の光に反応し、脳がその情報をまとめることで色が生じる。たとえばクッキーのきつね色もこうして生まれるのだ。ただしここでは、光によって伝えられる色だけを扱おう。

　光とは、上下に揺れ動く電磁場の小さな塊だ。この光の塊自体は常に一定の速度（言うまでもないが光速）で進むが、あらゆる周波数で振動でき、この周波数が光の色を決定する。光波がどんなものかを把握する方法は2つある。ひとつは、1秒間に波が上下に揺れ動く回数、すなわち「周波数」を測定することだ。もうひとつは、波のピーク間の距離、すなわち「波長」を測定することである。光速は常に一定であるため、波長か周波数のどちらか一方がわかれば、光の色がわかる。可視光の場合、最もよく使われるのは「ナノメートル（nm）」単位の波長だ。1ナノメートルは1メートルの10億分の1であり、非常に短い。たとえば青色光の波長はおよそ500ナノメートル、赤色光はおよそ700ナノメートルだ。

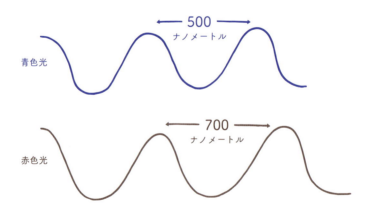

ニュートンは、光の研究にいち早く乗り出した科学者のひとりである。彼は、白色光がすべての色の光を合わせたもので、プリズムに通すと分解されて「スペクトル」が生じることに気づいた。

　可視スペクトルには無限数の色が含まれているが、ニュートンはこれを赤、橙、黄、緑、青、藍、紫という7色に分けた。7色に分けた主たる理由は、7という数字に特別な意味があると思っていたからだ。しかし実際には、7であるべき理由はまったくない。じつは、ニュートンが最初に考えたのは6色だった。ところが最後の段階で、7色にしたいという理由から藍を加えた。

　このスペクトルは、可視光領域で終わるわけではない。赤色光より先へ進むと、波長が長くなっていくにつれ、赤外線、マイクロ波、そして電波に達する。反対側の紫色光の端を越えると、波長はだんだん短くなり、紫外線、X線、ガンマ線が現れる。

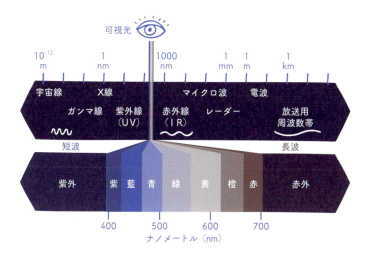

ニュートンの時代以降、プリズムや望遠鏡、光学機器が次々に改良されていった。19世紀の初頭、プリズムを通した太陽光を調べた科学者たちは、その光がじつは連続的なスペクトルではないことに気づいた。スペクトル全体に黒く細い線が一見ランダムに入り、いくつかの色が欠けていた。なぜだろう。

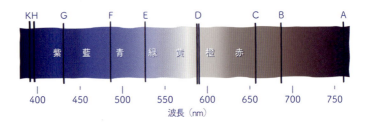

それから50年後、いくつかの手がかりが見えてきた。元素が燃焼しているとき、その種類によって炎の色が異なることに科学者は気づいた。昔からおなじみの食塩に含まれるナトリウムが燃えると、炎は橙色になる。カリウムならピンク、銅なら緑色だ。ネオンなど一部の元素は、電気を流すと発光する。

これらの炎の光のスペクトルを調べてみると、それぞれ線のパターンが異なっていた。このパターンは、いわば原子の指紋である（次ページ図）。

　元素は自らが放つのと同じ周波数の光だけを吸収することも発見された。光が水銀の雲を通過すると、その光のスペクトルには、水銀の放つ光と同じ波長に対応する線が現れる。

　再び太陽からの光を調べたところ、黒い線は特定の元素で現れる線と一致していた。これらの線は、太陽が何でできているかを教えてくれていたのだ。太陽が光を放つと、その光はこれらの元素を通過し、特定の色が元素に吸収される。

　科学者たちは、太陽からの光に現れる線を地球上で再現できる線と照らし合わせ、元素を特定することができた。

　太陽が恒星であることが発見されて以来、私たちの太陽系と同じようにほかの恒星も周囲を巡る惑星を従えているのだろうかと私たちは疑問を抱いてきた。私たちの太陽系の外にある惑星を「太陽系外惑星」と呼ぶ。太陽系外惑星の存在については、かなり確実視されていたが、恒星のなかで惑星をもつものはどのくらいの割合かとか、そうした惑星がどんな姿をしているの

かについては、よくわからなかった。地球に似た惑星はいくつくらいあるのか。地球によく似た惑星が、太陽系の外で発見されるのを待っているのだろうか。

恒星は、信じがたいほど私たちから遠く離れた場所にある。だから当然ながら、恒星のまわりを回る惑星を直接観測するのは非常に難しい。何より惑星は自ら光らないので、観測するのが難しい。惑星から放たれる光はすべて、その惑星の属する恒星からの光を反射しているだけなのだ。

天文学者が惑星を発見するために用いる主な方法は2つある。ひとつは、恒星の放つ光を観測する方法だ。惑星の軌道が地球と整列している場合、惑星が恒星の手前を通過する際に、恒星の光の一部が遮られる。この光の減少が定期的に起こるなら、そこに惑星が存在していると推測できる。遮られる光の量や、惑星が恒星のまわりを一周するのにかかる時間を調べることで、惑星の大きさや恒星からの距離を特定することができる。

2009年、ケプラー宇宙望遠鏡が打ち上げられた。その目的は、恒星を絶えず観測して光の減少を探すことによって、太陽系外惑星を発見することだった。打ち上げからの9年間で、ケプラーは周囲に惑星をもつ恒星を数千個も発見した。

もうひとつの方法については、第1章で扱った内容に戻る必要がある。重力は双方向に作用するということを覚えているだろうか。地球が私たちを引きつけているだけでなく、私たちもまた地球を引きつけている。

私たちが地球を引きつけているのと同じように、地球は太陽を引きつけている。私たちにとって見慣れた太陽系の絵では、太陽が中心で固定していて、惑星がそのまわりを回っている。

しかしじつは、それは間違っている。遠くから太陽系全体を眺めたら、太陽がじつは「共通重心」と呼ばれる架空の点のまわりを回っているのがわかるはずだ。

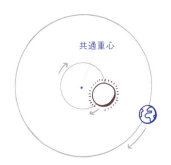

恒星と惑星が「共通重心」と呼ばれる点のまわりを回る

恒星はふらつくたびに、私たちに対して近づいたり遠ざかったりする。恒星がふらついたら、別の天体がそれを周回しているということがわかる。このふらつきの大きさと速度から、その天体について情報が得られる。

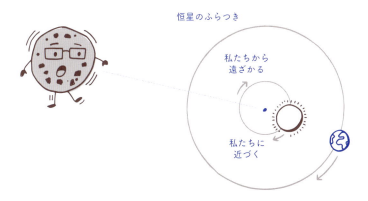

恒星が近づいてきたり遠ざかっていったりするのを直接見ることはできない。見てわかるほど大きくは動かないからだ。だ

が、もっと簡単に変化を調べられるものがある。色だ。

　列車が通り過ぎるのを近くで聞いたことがあるか、あるいはカーレースを観戦したことがある人なら、高速で通過する物体が特徴的な音を発することを知っているだろう。こちらへ近づいてくるときに音が大きくなるのは当然だが、音の高さも上がる。それからそばを通り過ぎると、音質が変わり、音量と音の高さが下がる。通過する列車が警笛を鳴らしていると、とりわけこの変化はわかりやすい。

　この現象は「ドップラー効果」と呼ばれる。光と同様、音も波である。列車が近づいてくるときには、波のピーク間の距離（波長）が縮むので、音は高くなる。

　反対に、列車が遠ざかっていくときには波長が長くなるので、音は低くなる。

　光でも同じことが起きる。光源が遠ざかっていくときには、「周波数」が下がる。本章の初めのほうでスペクトルを取り上げたときに述べたとおり、可視光のスペクトルでは波長が長くなると光の色が赤色側にずれる。光源が近づいてくる場合には光の波長が短くなるので、光の色はスペクトルの青色から紫色の側にずれる。

　つまり、恒星の発する光を観測すれば、その光が青色と赤色のどちら側へ偏移しているかによって、その恒星がどのくらいの速度で地球に向かってきているのか、あるいは遠ざかっているのかがわかる。だが、問題がひとつある。偏移の大きさを特定するには、偏移する前の波長を知る必要があるのだ。どうしたらそれがわかるだろうか。

　じつは、その答えはすでに紹介済みだ。太陽光のスペクトル

に現れる線を調べて、それと同じ線を生じさせる元素を特定するという方法で、太陽が何でできているかがわかる。

たとえば、水素なら線がどこに現れるかわかっている。恒星からの光のスペクトルに現れる線を調べて、それが予想どおりの位置に現れていたら、その恒星は私たちに対して近づきも遠ざかりもしていないことになる。線が予想よりも赤色側に偏移していたら、恒星は遠ざかっている。青色側に偏移しているなら、恒星はこちらへ接近している。

これらの現象は、赤方偏移および青方偏移と呼ばれる。赤方偏移が大きいほど、恒星が高速で遠ざかっていることを示す。

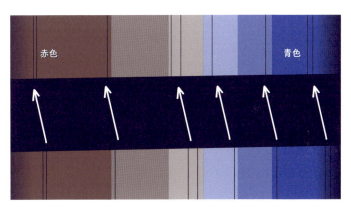

上のスペクトルでは水素の線が赤色側にずれているので、恒星が遠ざかっていることがわかる。

ふらつく恒星は、こちらへ接近してから遠ざかるというサイクルを繰り返す。恒星から届く光のスペクトルを観測すると、恒星が地球に接近しているときには水素の線が青色側に偏移し、地球から遠ざかるときには赤色側へ偏移するのがわかるはずだ。

＊＊＊

170 ★ 第15章　太陽系外惑星をおいしそうなきつね色で説明する

　ここで紹介した方法や、あるいは別の方法を使って、今まで
に太陽系外で5000個以上の惑星が発見されている。まだ探索は
始まったばかりで、発見するための技術はまだ改良の途上にあ
る。2022年に運用が始まったばかりのジェイムズ・ウェッブ宇
宙望遠鏡のおかげで、大きな惑星なら直接画像化できるように
までなった。

　現在のところ、私たちの銀河系（天の川銀河）には数千億個
の惑星が存在すると推定されている。

　そんなわけで、太陽系の外側でたくさんの惑星が発見されて
いる。しかし、惑星が何でできているのかは、どうしたらわか
るのだろう。火星のような岩石惑星か、それとも木星のような
巨大ガス惑星なのか。あるいはひょっとして、地球のように水
があるのか。

　惑星に水が存在し得るかどうかを判断するには、その惑星が
周回する恒星の温度と、惑星から恒星までの距離を調べればよ
い。恒星のすぐ近くにあるなら、その惑星は非常に高温なので、
かつては水があったとしてもすべて蒸発してなくなっていると
考えられる。逆に恒星から非常に遠ければ、水があるとしても
すべて凍結して氷になっているだろう。液体の水が存在する可
能性のある「ゴルディロックスゾーン」と呼ばれる領域があり、
これはまた「ハビタブルゾーン」（生命居住可能領域）とも呼
ばれる。現在の推定では、私たちの銀河系ではそうしたハビタ
ブルゾーンに惑星が50億個から100億個ほど存在すると考えら
れている。

　惑星が地球のような星であるためには、大気が存在する必要
があり、その大気は地球と同じような組成であることが望まし

い。では、その大気の組成を特定することはできるのだろうか。

　おそらくご想像のとおり、ここでスペクトル分析が役に立つ。多くの惑星は、それが恒星の手前を横切る際に、恒星からの光がわずかに減少するのが観測されることで発見される。このときに、恒星からの光のごく一部が惑星の大気を通過し、地球に到達する。

　恒星の光から得られる通常のスペクトルと、惑星の大気を通過した光のスペクトルを比較することで、惑星に存在する元素が推測できる。惑星の大気を通過した光のスペクトルのみに現れる黒っぽい吸収線や、恒星のみの通常のスペクトルよりも色の濃い吸収線を調べればよいのだ。

　当然ながら、この測定はとてもややこしい。惑星はもともと恒星と比べて小さく、特に地球と同程度のサイズの惑星は恒星よりも著しく小さい。さらに惑星を包む大気はほんの薄い層にすぎない。だから分析するには、ものすごい精度が必要となる。

　2001年、太陽系外の世界のスペクトルが初めて測定できた。このときには、遠い惑星の大気からナトリウムが発見された。それ以来、地球とはかけ離れたものから地球とよく似たものまで、多様な大気が発見されている。

　そんなわけで、クッキーがきつね色に焼きあがったかどうか確かめるためにオーブンをのぞき込むときには、何光年も離れた惑星の色をとらえようとしている科学者たちにも思いを馳せてみてほしい。

第16章
ビッグバンを
チョコチップで
説明する

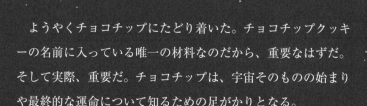

　ようやくチョコチップにたどり着いた。チョコチップクッキーの名前に入っている唯一の材料なのだから、重要なはずだ。そして実際、重要だ。チョコチップは、宇宙そのものの始まりや最終的な運命について知るための足がかりとなる。

　よかったら想像してみてほしい。円盤型にしたクッキー生地を天板に置いたとする。それから自分の体をチョコチップよりもずっと小さく縮めて、チョコチップをひとつ選んでその上に立つ。

　焼いているうちに、生地は天板の上で全方向へ広がり、厚みのある円盤型の生地から薄いクッキーに変わる。チョコチップの上に立って別のチョコチップに目を向けたら、何が見えるだろうか。ほかのチョコチップがすべて自分から遠ざかっていくように見える。そして遠くのチョコチップほど、高速で遠ざか

っていく。

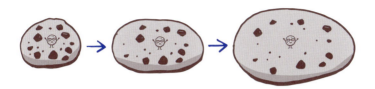

　1920年代、天文学者は宇宙でこれと同じようなことが起きているのに気づきだした。銀河がどれも私たちから遠ざかっていくように見えたのだ。そして遠くの銀河ほど、その動きは速かった。

　これは何を意味するのだろう。あらゆるものが私たちから遠ざかっているのだとしたら、じつは私たちは宇宙の中心にいるということになるのか。

　話を進める前に、2つのことを考えてみてほしい。まず、よその銀河までの距離はどうしたら測れるのか。銀河はどれもとてつもなく遠くにあるはずだ。それからもうひとつ、銀河の遠ざかる速度はどうしたらわかるのか。

　距離を測るのに最も簡単な方法は、「視差」を利用することだ。まず、ある場所から対象となる天体に対する角度を測る。それからある一定の距離（基線）だけ横に移動して、角度を再び測る。ちょっと計算すれば、その天体までの距離がわかる。

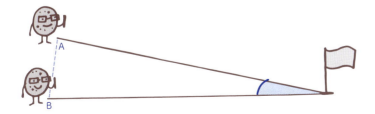

天体が遠ければ遠いほど、正確に測定するためには基線を長くする必要がある。地上の天文学者（今のところ、天文学者は地上にしかいないが）にとって、移動可能な最大の距離は、太陽の片側から反対側までの距離となる。ある恒星について1月に一度測定し、7月にもう一度測定すると、およそ2億9000万キロメートルの基線が得られる。この長い基線を使えば、1000光年くらいまではかなり正確に距離が測定できる。これより遠いと角度が小さくなりすぎて、距離をきちんと測定することができない。

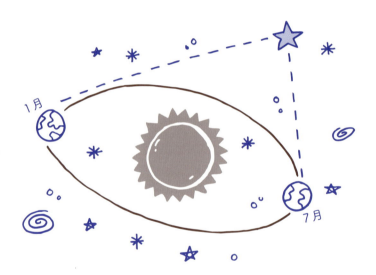

　1「光年」とは、光が1年間に進む距離である。光の進む速度は速いので、1光年はかなりの長さになる。およそ9兆5000億キロメートルだ。といっても、銀河のスケールで見れば微々たるものだ。
　私たちの銀河系は直径が10万光年あり、よその銀河はこの距

離よりも遠くにある。だから視差法では、近隣の恒星以外の遠い天体までの距離を測定することはできない。

では、これより長い距離を測定するにはどうしたらよいのだろう。

明るさを調べる、というのがひとつの手だ。30センチ離れたところからスマートフォンの画面を見るとしよう。次に部屋の反対側から同じ画面を見ると、先ほどよりも暗く見える。遠くへ離れるにつれ、画面はどんどん暗くなる。ということは、明るさを測定すれば距離が計算できるはずだ。

しかし、そのためには恒星の明るさを知る必要がある。恒星の明るさは大きく変動する。色を見ればいくらかはわかるかもしれないが、距離を確実に測定できるほどの精度はない。

ここで必要なのは、基準となる恒星だ。明るさがすでにわかっている恒星があればいい。

20世紀の初頭、ヘンリエッタ・リーヴィットはハーヴァード大学の天文台で「計算手（コンピューター）」として働いていた。当時は「コンピューター」というのは計算を専門に行なう人を指す言葉だった。

1912年、リーヴィットは小マゼラン雲という矮小銀河にある変光星を分析していた。変光星とは、数日から数カ月の周期で明るさが規則的に変化する星である。そして彼女は驚くべき発見をした。周期と明るさが直接関係していることに気づいたのだ。明るさの変動周期が短ければ短いほど、その恒星は暗かった。逆に周期が長い恒星ほど明るかった。何よりも重要なのは、周期と明るさのあいだに直線的な関係があるということだった。つまり、周期がわかれば明るさもわかるのだ。

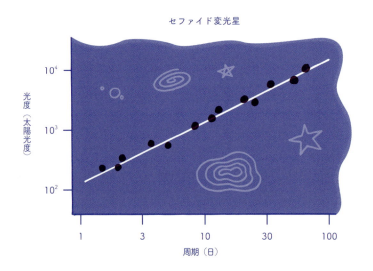

　これらの特殊な恒星は「セファイド変光星」と呼ばれ、まさに天文学者たちが求めていたものだった。「標準光源」となり、距離を測定するのに使えるのだ。天文学者が銀河を観測する場合、まずセファイド変光星を探す。このタイプの星はめずらしくないので、たいてい見つけることができる。セファイド変光星を見つけて、その明滅にかかる日数を測定すれば、明るさがわかる。

　天文学者は、さまざまな銀河までの距離を次々に測定していくとともに、距離を測定する別の方法もたくさん見出した。私たちはこうした多様な方法を駆使して、ほとんどの天体について地球からの距離をかなり正確に把握できていると考えられる。

　宇宙の膨張に伴って銀河が互いから遠ざかっているのなら、動画を逆再生するようにして時間をさかのぼり、過去を見ることができる。そうすれば、今から約140億年前には、宇宙は非

常に狭い領域に集中していたことがわかる。天の川銀河自体は
おそらく約130億年前に誕生し、地球は約45億年前に生まれた。
地球に生命が存在したのは、そのうちのおよそ30億年だ。

　宇宙の最初の瞬間は「ビッグバン」と呼ばれる。このとき、
宇宙は狭い空間に押し込められていた。当初、ビッグバンに対
抗する仮説がいくつか存在していたが、1950年代から1960年代
に行なわれた観測を通じて、ビッグバンが観測データを最もよ
く説明する理論であることが明らかになった。

　とりわけ有力な証拠が2つあった。

　ひとつは、観測する銀河の範囲をどんどん遠くへ広げていく
と、まさに現実として時間をさかのぼることになるという点だ。

　たとえば太陽から光が地球に届くには8分かかる。だから私
たちが見ている太陽は、じつは数分前の姿だ。地球から最も近
い恒星のアルファ・ケンタウリは4光年離れている。だからそ
れを観測するときには、4年前の姿を見ていることになる。そ
してアンドロメダ銀河は地球から250万光年離れているので、
私たちが現在見ているアンドロメダ銀河からの光は、人類の初
期の祖先が地球を歩いていたころに出発したものなのだ。

　私たちがこれまでに観測した最も遠い銀河は、地球から130
億光年より少し遠いところにある。つまり、私たちは太陽が誕
生するよりも前に旅立った光を見ているというわけだ。

　ビッグバン理論では、140億年におよぶ宇宙の歴史の中で、
恒星や銀河が生まれて進化してきたと推測される。そして確か
に、私たちの観測はその見方に合っている。最も遠い銀河では、
初期の宇宙で形成された非常にエネルギーの高い「クエーサ
ー」という天体が見られる。理論上、クエーサーの寿命は長く

178 ★ 第16章　ビッグバンをチョコチップで説明する

ないと考えられていて、実際、私たちの近くに位置する銀河、つまり宇宙の歴史における最近の時代では観測されない。クエーサーは、私たちの近くにたどり着く前にすべて寿命が尽きてしまったのだ。

　もうひとつの証拠については、オーブンを思い浮かべてほしい。オーブンを260度まで温めてからスイッチを切り、温度の変化を追跡するとしよう。温度は徐々に下がっていく。オーブンのことをよく知っていれば、時間とともに温度がどのように変化するかをとても正確に予測できる。

　ビッグバンが始まったときには、宇宙のすべてのエネルギーがごく狭い領域に集中していたので、温度は想像を絶するほど高かった。やがて、宇宙全体の温度が下がっていった。

　オーブンの温度が下がるのは、内部のエネルギーが徐々に外部のエネルギーと等しくなるからだ。しかし、宇宙には「外部」というものが存在しない。温度が下がるのは、空間の膨張によるものだ。同じ量のエネルギーが広い空間に広がれば、平均エネルギーは低くなるはずだ。

　そのような背景の「ざわめき」、すなわちビッグバンから残されたエネルギーは、存在するのだろうか。存在する！　じつのところ、それが発見されたのは偶然だった。宇宙の推定年齢から考えると、そのエネルギーはマイクロ波領域にあり、電波望遠鏡で検出できるはずだ。1950年代に最初の電波望遠鏡が開発されたとき、一定の低レベルの信号が常に検出された。最初、研究者たちはこれが装置の不具合によるものだと考えた。ケーブルがゆるんでいるか、何かが信号に干渉しているといったことではないかと思ったのだ。しかし数カ月の試行錯誤のすえに

ようやく、それが本物の信号であり、ビッグバンの放射が冷却したときに予想される周波数と一致しているのに気づいた。

この放射、すなわち宇宙マイクロ波背景放射について驚くべきことのひとつは、それがきわめて一定であることだ。空のどこを観測してもこの放射が存在し、宇宙全体にきわめて均等に広がっていた。じつのところ、この放射はまったく変動しないわけではないが、その変動幅は全体に対して1万分の1程度にすぎない。

とはいえ、これほどわずかな変動でも大きな意味をもつ。私たちの宇宙にとって非常に重要なのだ。宇宙マイクロ波背景放射の変動は、宇宙の誕生直後にはエネルギーが完全に均等に広がっていたわけではないことを示している。そしてその変動、いわば「しわ」のようなものが、最も初期の原子の密度にわずかな変動を引き起こし、それによってほかの場所よりも重力がわずかに強い場所が生じた。このような場所では重力がさらに集まり、どんどん重力が強くなっていく。やがて恒星や銀河が形成され、そして私たち人間も誕生した。

このような変動が、私たちの観測できるあらゆるものの背後に存在する。

1990年代、宇宙背景放射探査衛星が打ち上げられ、宇宙マイクロ波背景放射をきわめて詳細にマッピングした。その際に、初期宇宙の指紋とも呼ぶべき有名な画像が作成された（次ページ図）。

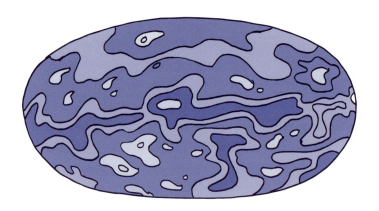

　1950年代に現代のビッグバン理論が提案されてから、天文学者は宇宙の最終的な運命について考えを巡らせた。銀河は永遠に互いから遠ざかり続けるのだろうか。それともいずれ宇宙の膨張が反転し、すべてが再び一点に収束する、いわゆる「ビッグクランチ」が起きるのだろうか。

　天文学者にわかっていたことのひとつは、宇宙の膨張速度が遅くなっているということだった。そうなるのは当然だった。

　第1章で、ニュートンの法則を取り上げた。彼の考えの中核にあったのは、物体は外部から力が加わらない限り、一定の速度で運動を続けるという見方だった。じつはこの観点から見ると、銀河というのはかなり単純だ。銀河に作用する力で重要なのは、重力だけである。そして重力とは、宇宙規模でなんらかの影響を与えることのできる強さをもつ唯一の力である。

　すべての銀河は、互いに引きつけ合っている。そのせいで、宇宙の膨張速度が遅くなっていると考えられる。なぜなら、すべての銀河に対して働く力は、銀河間の膨張とは正反対の方向

に作用しているからだ。宇宙の膨張が反転するほどにその速度が遅くなるかどうかはわからなかったが、宇宙について私たちのもつすべての情報は、膨張速度が下がっていることを示していた。

　ところが過去20年間の観測によれば、宇宙の膨張は減速していない。むしろ加速しているらしい。じつに奇妙な話だ。なんらかの力かエネルギーが働いて、銀河を互いから遠ざけているか、あるいは宇宙の空間をますます高速で引きのばしているに違いない。
　科学者はこの力を「暗黒エネルギー」と呼んでいる。それがいったいどんなものなのか、どこから生じるのかはわかっていない。しかし観測結果にもとづけば、宇宙の全エネルギーの3

分の2以上を占めていると考えられる。

　第1章で、重力を及ぼす物質とされる「暗黒物質」を取り上げたのを覚えているだろうか。暗黒物質とは何なのかはわかっていない。有望視された説のほとんどが誤っていたことが判明している。そして、暗黒物質は宇宙の全エネルギーのおよそ4分の1を占めている。

　つまり、まとめるとこうなる。

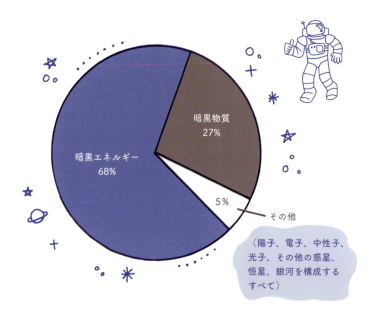

　このグラフでは、暗黒物質が宇宙の全エネルギーの27パーセントとされているのに気づいただろうか。第1章では、暗黒物質が宇宙の質量の85パーセントを占めるとしていた。これは、暗黒エネルギーが宇宙の「質量」には含まれないと考えられているからである。

183

　暗黒エネルギーの正体は不明で、暗黒物質についてもわからない。今のところ、宇宙を構成する材料のおよそ95パーセントについては、まったく手がかりがない状態だ。

　暗黒エネルギーとは何かについては、理論がいくつかある。ひとつは、単に空間のもつ特性だとするものだ。量子力学によれば、宇宙空間の真空はじつは真空ではない。さまざまな激しい活動が生じるなかで、粒子が絶えず生成されては消滅する。これによって生じた圧力が、予想以上に空間を引きのばしている可能性がある。しかし、この力の大きさを予測しようとした計算の結果は、実際の観測値とまったく一致しない。観測値より10^{100}倍ほど大きい場合もある。

　暗黒エネルギーとは、新しいタイプの物質、私たちがまだ知らないエネルギー場なのかもしれない。この見方を支持する科学者は、暗黒エネルギーを「クインテッセンス」（第5の力）と呼ぶ。この言葉は中世には、地、空気、火、水に加わる架空の第5の元素を指していた。しかし現時点では呼称があるだけで、それ以上のことはほとんどわかっていない。

　もうひとつの可能性として、アインシュタインの一般相対性理論の重力方程式が誤っていることが考えられる。そうだとしたら、暗黒エネルギーとか暗黒物質というものは、実際には存在しないのかもしれない。これらを用いれば、私たちの観測結果を重力理論に合致させることができる。しかし重力理論が変更されれば、暗黒エネルギーや暗黒物質という概念も不要になる可能性がある。

　19世紀の数十年間、科学者たちは電磁波すなわち光が空間を進む際には「エーテル」と呼ばれるものを通っていくと信じて

いた。そのころまでに知られていた波はすべて、何かによって
伝えられる必要があった。海の波は水によって伝わり、音の波
は空気によって伝わる。科学者は、光の波も同じように、エー
テルによって伝わるのだと考えていた。しかしやがて理論と実
験が改良され、光は真空中でも問題なく伝わることが示された。
光を構成する電磁波は互いに支え合っていて、光自体の外にあ
る何かを「振動」させる必要はない。同様に、重力のとらえ方
が変化すれば、暗黒エネルギーや暗黒物質といった概念が不要
になるかもしれない。

　はっきりとわかっているのは、物理学においてこれまでで最
も成功した2つの理論、すなわち重力理論と量子力学が、完全
に正しいわけではないということだ。なぜなら、これらは互い
に一致しないからだ。私たちの重力理論は、長距離ではとても
よく成り立つ。直接的に検証するたびに、正しいことが証明さ
れている。

　一方、量子力学は、極小の粒子に起きる現象について解き明
かす場合に、すばらしい仕事をしてくれる。その予測を実験結
果と照らし合わせると、小数点以下何桁も先まで一致する。し
かし、重力理論は極小のスケールでは成り立たず、量子力学と
矛盾してしまう。

　ということは、何かが欠けているに違いない。チョコチップ
クッキーは天板の上で広がっていく。宇宙も加速して広がって
いるが、その理由はわかっていない。私はその答えを知りたく
て、胸をときめかせている。

エピローグ
宇宙をクッキーで説明する

　チョコチップを最後までとっておいたのには、大事な理由がある。チョコチップが表すもの、すなわち宇宙のライフサイクルは、本書で取り上げてきたすべてのトピックをまとめるものだからだ。チョコチップクッキーを焼くための材料と手順は、宇宙の全容の理解へ至る道に人類を立たせる。

　小麦粉と砂糖は重力や銀河構造の理解につながり、食塩と重曹は極小の粒子と量子の世界へと私たちを導いた。バニラ、クッキーの抜き型、オートミールレーズンクッキーの外周を巡る散策からは、カオス、複雑性、私たちにできる究極の予測についての根本的な真実に至った。ミキシングとベーキングは、あらゆるものの背後に潜んでいる可能性のある熱力学やエントロピーの理解につながった。そしてブラウンシュガーと計量カップは、測定の精度を上げるにはどうしたらよいか、そしてどう

しても避けられない誤差について理解し対処するにはどうするべきかを示してくれた。色は、想像が及ばないほどの距離を測るための物差しの作り方を教えてくれた。そして、卵、バター、クッキーのデコレーションは、自己複製するパターンが、渦を巻き、結びつき、分離し、進化して、すべてを理解する能力を育て上げる仕組みを明らかにしてくれた。

＊＊＊

　私は本書の冒頭で、科学は答えだけに目を向けるとか、味気ない事実を知るためだけにあるなどと思わないでほしいと言った。おそらく読者の皆さんもご存じのとおり、科学とテクノロジーは成功を収めてきたが、まだわからないことがたくさんあって、そのなかには非常に重大な疑問もある。だから本書のタイトル『クッキーをつくれば宇宙がわかる』は、どうやら果たされない約束になってしまった。宇宙にはまだ説明できていないことが山ほどあるのだ。

　それでも本書を読んで、これらのテーマについてもっと知りたいという願いと、それができるという確信が皆さんの中に芽生えたなら、うれしい限りだ。何かがピタッとはまったときの「腑に落ちる瞬間」は、何物にも代えがたい。

　では、クッキーを食べよう。皆さんはそれに値するのだから。

謝辞

　真っ先にお礼を言わなくてはいけないのは、娘が5年生のときの担任、ダニエル・フォンダー先生だ。科学のさまざまな概念を説明するのにクッキーを使うというアイデアが最初に浮かんだとき、彼は親切にも自分のクラスを開放して私を受け入れ、生徒の前でプレゼンテーションをしたり（結果はさんざんだった）、実験をしたり（失敗に終わった）、生徒たちにクッキーを配ったり（これは喜んでもらえた）させてくれた。恥ずかしいからやめてなどと言わないでいてくれた娘にも感謝だ。

　私をオッド・ドット社の仲間に入れてくれて、本書を出版する機会を与えてくれたダニエル・ナイエリにもお礼を言いたい。担当編集者のジュリア・スーイは、本書の刊行に至る過程全体でこのうえもなく貴重なフィードバックをくれた。彼女の導きがなかったら、本書はまったく違ったものになっていただろう。

　マイケル・コルフハーゲによるイラストは、楽しくてチャーミングだ。彼と一緒に仕事ができたことをうれしく思う。

　試し読みしてくれた、エイミー・ラム、スーザン・エンゲルスタイン、ボニー・ビール（ありがとう、ママ！）、アイザック・メドフォード、ポール・リギンズに感謝したい。皆さんのフィードバックはすべてすばらしかった。

　最後になったが、本書と私の人生に自らの哲学でさまざまなことを教えてくれた2人の著述家、ダグラス・ホフスタッター

とジェイコブ・ブロノフスキーに感謝の念を伝えたい。彼らの大胆な発想がなかったら、私は今の自分にはなれなかっただろう。

推薦図書

『クッキーをつくれば宇宙がわかる』で取り上げたトピックについてもっと知りたい方には、以下の本を強くお薦めする。

第1章　暗黒物質を小麦粉で説明する

Dark Matter and Dark Energy: The Hidden 95% of the Universe by Brian Clegg

第2章　核融合を砂糖で説明する

Sun in a Bottle: The Strange History of Fusion and the Science of Wishful Thinking by Charles Seife

第3章　原子構造を食塩と重曹で説明する

The Disappearing Spoon: And Other True Tales of Madness, Love, and the History of the World from the Periodic Table of the Elements by Sam Kean（『スプーンと元素周期表』サム・キーン著、松井信彦訳、ハヤカワ文庫NF、2015年）

第4章　クォークをクッキー交換で説明する

QED: The Strange Theory of Light and Matter by Richard Feynman（『光と物質のふしぎな理論——私の量子電磁力

学』R・P・ファインマン著、釜江常好・大貫昌子訳、岩波現代文庫、2007年）

第5章　量子力学をミルクとクッキーで説明する

Through Two Doors at Once: The Elegant Experiment That Captures the Enigma of Our Quantum Reality by Anil Ananthaswamy（『二重スリット実験——量子世界の実在に、どこまで迫れるか』アニル・アナンサスワーミー著、藤田貢崇訳、白揚社、2021年）

第6章　進化をバターとクッキーコンテストで説明する

The Panda's Thumb by Stephen Jay Gould（『パンダの親指——進化論再考』上下巻、スティーヴン・ジェイ・グールド著、櫻町翠軒訳、ハヤカワ文庫NF、1996年）

What Evolution Is by Ernst Mayr

第7章　遺伝子工学を卵で説明する

Genome: The Autobiography of a Species in 23 Chapters by Matt Ridley（『ゲノムが語る23の物語』マット・リドレー著、中村桂子・斉藤隆央訳、紀伊國屋書店、2000年）

The Code Breaker: Jennifer Doudna, Gene Editing, and the Future of the Human Race by Walter Isaacson（『コード・ブレーカー——生命科学革命と人類の未来』上下巻、ウォルター・アイザックソン著、西村美佐子・野中香方子訳、文藝春秋、2022年）

第8章　胚発生をクッキーのデコレーションで説明する

Endless Forms Most Beautiful: The New Science of Evo Devo by Sean B. Carroll（『シマウマの縞　蝶の模様——エボデボ革命が解き明かす生物デザインの起源』ショーン・B・キャロル著、渡辺政隆・経塚淳子訳、光文社、2007年）

第9章　不確定性をブラウンシュガー（きっちり詰めて3/4カップ）で説明する

Naked Statistics: Stripping the Dread from the Data by Charles Wheelan（『統計学をまる裸にする——データはもう怖くない』チャールズ・ウィーラン著、山形浩生・守岡桜訳、日本経済新聞出版社、2014年）

What is a p-value Anyway? 34 Stories to Help You Actually Understand Statistics by Andrew Vickers（『p値とは何か——統計を少しずつ理解する34章』アンドリュー・ヴィッカーズ著、竹内正弘監訳代表、丸善出版、2013年）

第10章　熱力学をベーキングとアイスクリームサンドで説明する

A Matter of Degrees: What Temperature Reveals About the Past and Future of Our Species, Planet, and Universe by Gino Segrè（『温度から見た宇宙・物質・生命——ビッグバンから絶対零度の世界まで』ジノ・セグレ著、桜井邦朋訳、講談社ブルーバックス、2004年）

192 ★ 推薦図書

第11章　エントロピーをミキシングで説明する

Entropy: God's Dice Game by Oded Kafri and Hava Kafri

第12章　カオスをバニラで説明する

Order Out of Chaos: Man's New Dialogue with Nature by Ilya Prigogine and Isabelle Stengers（『混沌からの秩序』I・プリゴジン＆I・スタンジェール著、伏見康治・伏見譲・松枝秀明訳、みすず書房、1987年）

The Order of Time by Carlo Rovelli（『時間は存在しない』カルロ・ロヴェッリ著、冨永星訳、NHK出版、2019年）

第13章　複雑性をクッキーの抜き型で説明する

Complexity: The Emerging Science at the Edge of Order and Chaos by M. Mitchell Waldrop（『複雑系——科学革命の震源地・サンタフェ研究所の天才たち』M・ミッチェル・ワールドロップ著、田中三彦・遠山峻征訳、新潮文庫、2000年）

第14章　フラクタルをオートミールレーズンクッキーで説明する

Gödel, Escher, Bach: an Eternal Golden Braid by Douglas Hofstadter（『ゲーデル、エッシャー、バッハ 20周年記念版——あるいは不思議の環』ダグラス・R・ホフスタッター著、野崎昭弘・はやしはじめ・柳瀬尚紀訳、白揚社、2005年）

第15章　太陽系外惑星をおいしそうなきつね色で説明する

The Planet Factory: Exoplanets and the Search for a Second Earth by Elizabeth Tasker

第16章　ビッグバンをチョコチップで説明する

The First Three Minutes: A Modern View of the Origin of the Universe by Steven Weinberg（『宇宙創成はじめの3分間』S・ワインバーグ著、小尾信彌訳、ちくま学芸文庫、2008年）

The End of Everything (Astrophysically Speaking) by Katie Mack（『宇宙の終わりに何が起こるのか──最新理論が予言する「5つの終末シナリオ」』ケイティ・マック著、吉田三知世訳、講談社ブルーバックス、2022年）

訳者あとがき

　本書『クッキーをつくれば宇宙がわかる』の著者ジェフ・エンゲルスタインは、熱烈なクッキーファンだ。とりわけチョコチップクッキーをこよなく愛している。本書ではクッキーをたとえやとっかかりとして使い、素粒子から銀河に至るまで、宇宙にまつわるさまざまなトピックを楽しくわかりやすく解説している。彼はプロのゲームデザイナーであり、大学の非常勤講師としてゲームデザインの研究にも取り組んでいる。どうやら楽しいことと難しいことを掛け合わせる才能に恵まれているらしい。

　本書の冒頭には、著者ご自慢の「母のチョコチップクッキーのレシピ」が掲載されている。私もこれに従ってチョコチップクッキーを作ってみた。まず、ブラウンシュガーを3/4カップ量る。ふだんならカップに材料をざっと入れて目盛りにだいたい合っていればいいことにするが、今回は違う。計量には、セシウムの放射や光子のエネルギー、さらには光の速度までもがかかわっているという。雑にやってはいけないと、まずは試しにカップでふだんどおりに計量してから秤で重さを量り、それからレシピどおりにきっちり計量した3/4カップのブラウンシュガーの重さを量って比べてみたら、30グラムも差があった。正確な計量がいかに大事かを知る。

　材料の小麦粉と重曹と食塩をボウルに入れてかき混ぜる。す

ぐに3つの材料は均一に混ざる。これ以上混ぜても何も変わらない、と思うのだが、エンゲルスタインによると、かき混ぜ続ければ3つの材料が混ぜる前と同じようにそれぞれ分かれた状態になる瞬間が訪れるという。ただしそこへ至るまでには、宇宙の年齢など比べ物にならないほどのとてつもなく長い時間を要する。

　材料を全部合わせてかき混ぜると、さきほどまでばらばらだった材料がひとまとまりの生地になる。これは小麦粉に含まれているグルテンによるもので、この働きは宇宙の重力にたとえられる。生地を天板にのせてオーブンで焼くと、最初はこんもりしていた生地が熱で広がっていく。生地が広がるとともに、混ぜ込まれているチョコチップも互いに距離を広げていく。これは膨張宇宙で互いから遠ざかっていく星たちと同じ動きだ。

　オーブンの中をのぞいているうちに、クッキーはきれいなきつね色に焼きあがる。クッキー1枚に含まれている原子はおよそ10^{24}個で、宇宙に存在する恒星とだいたい同じ数なのだそうだ。

　本書ではこんな具合に、宇宙のさまざまな事象がクッキーと結びつけられて鮮やかに説明される。複雑な概念や現象も、おいしいクッキーのようにのみ込みやすい。著者いわく「チョコチップクッキーを焼くための材料と手順は、宇宙の全容の理解へ至る道に人類を立たせる」。著者のクッキー愛を感じながら、宇宙の探究を楽しんでいただければ幸いである。

田沢恭子

クッキーをつくれば宇宙がわかる

2025年4月20日　初版印刷
2025年4月25日　初版発行

著　者　ジェフ・エンゲルスタイン
訳　者　田沢恭子
発行者　早　川　　浩
印刷所　株式会社精興社
製本所　大口製本印刷株式会社
発行所　株式会社　早川書房
郵便番号　101-0046
東京都千代田区神田多町2-2
電話　03-3252-3111
振替　00160-3-47799
https://www.hayakawa-online.co.jp

ISBN978-4-15-210423-6 C0040　定価はカバーに表示してあります。
Printed and bound in Japan
乱丁・落丁本は小社制作部宛お送り下さい。送料小社負担にてお取りかえいたします。
本書のコピー、スキャン、デジタル化等の無断複製は著作権法上の例外を除き
禁じられています。